Für Sandra, Hanna und Marie

INHALT

PROLOG

DAS
ERSTE
MAL

Ein ganz normaler Tag in der Firma: Unternehmer Michael Schneider, Ende 50, betritt sein Büro und lässt – wie immer – seine abgegriffene, lederne Aktentasche neben den großen Schreibtisch fallen. Gewohnheitsmäßig stellt er sich kurz ans Fenster und schaut auf den großen Hof. Ganz schön was los da, es geht zu wie im Bienenstock.

Kein Wunder, denn die Auftragsbücher sind voll, der Laden brummt. Michael Schneider nickt zufrieden und wendet sich seinem Schreibtisch zu.

‚Na, dann wollen wir mal', denkt er und setzt sich in seinen Chefsessel. Er angelt nach seiner Tasche, zieht ein paar Unterlagen heraus und breitet sie vor sich aus.

Eine nach der anderen geht er prüfend durch: OK, alles erledigt.

Er schiebt die Papiere auf einen Stapel zusammen und auf die Seite. Dann sieht er sich auf der leeren Schreibtischplatte um.

Der Unternehmer überlegt.
Schüttelt ungläubig den Kopf.
Denkt nochmal nach.

Doch er kommt zu dem gleichen Schluss wie zuvor.

Und diese Erkenntnis trifft ihn wie ein Schlag, seine Augen werden groß.

‚Das ist mir ja noch nie passiert‘, schießt es ihm durch den Kopf. ‚Das kann doch nicht sein! Das erste Mal, seitdem ich mich vor 30 Jahren selbstständig gemacht habe, steht keine einzige operative Aufgabe an.‘

Nach einem kurzen Moment weicht sein verblüffter Gesichtsausdruck einem strahlenden Lächeln.

Michael Schneider lehnt sich in seinem Sessel zurück und denkt: ‚Ich habe nichts zu tun! Wow, wie geil ist das denn?‘

Was ein Unternehmer ist, weiß doch jeder.
Echt? Ist das so?

Ich würde eher sagen: Unter „Unternehmer“ versteht jeder alles und nichts. Und das ist Teil des Problems, warum so viele Unternehmer im Mittelstand zwar schaffen ohne Ende, aber dabei selten das Gefühl haben, etwas zu erschaffen. Sie erreichen nicht das, was sie sich vorstellen – für sich nicht und oft auch nicht für das Unternehmen.

Das ging mir mit und in meiner Firma nicht anders: Ich habe sehr viel und mit großer Leidenschaft gearbeitet.

Dem Unternehmen ging es gut, es wuchs, wir waren erfolgreich. Nur mir ging es dabei nicht gut. Ich will Sie aber nicht mit meiner persönlichen Geschichte langweilen, deshalb nur so viel: Eines Tages beschloss ich, den Dingen auf den Grund zu gehen, die dazu geführt hatten, dass ich als Unternehmer nicht vollauf zufrieden war. Ich ließ mich auf einen tiefen Tauchgang ein.

Wundern Sie sich bitte nicht über die Analogie des Tauchens, auf die Sie in diesem Buch noch häufiger stoßen werden. Ich bin begeisterter Hobby-Taucher, deshalb liegt mir der Vergleich so nahe. Ich kann daran anschaulich so einige Zusammenhänge erklären, die ohne dieses Bild recht abstrakt bleiben.

Aber zurück zum Thema: Ich habe mich also auf die Suche nach den Gründen gemacht. Dabei bin ich auf viele Fragen gestoßen. Und ich habe für mich meine Antworten gefunden. Aber meine Antworten sind nicht das, über was ich in diesem Buch schreiben möchte – die helfen Ihnen nämlich nur bedingt weiter. Denn Antworten muss jeder für sich selbst finden.

Was da am Ende der Suche steht, ist extrem unterschiedlich. Und das ist super so. Denn wenn Sie Ihre eigenen Antworten formen, haben Sie die volle Gestaltungsfreiheit. Es sind Ihre persönlichen und nur Ihre.

Sie werden also in diesem Buch keine Antworten finden. Stattdessen möchte ich mit Ihnen die entscheidenden Fragen teilen, auf die ich bei meinem Tauchgang in die Tiefe des Unternehmerseins gestoßen bin. Diese stelle ich seit vielen Jahren auch in meinen Unternehmer-Sparrings. Ich habe seither oft beobachten können, welche großartige Veränderung sie auslösen – schon allein durch die Beschäftigung mit ihnen.

Alle Beispiele in diesem Buch beruhen auf wahren Begebenheiten, auch wenn ich mich selbstverständlich meinen Sparringspartnern gegenüber zur absoluten Diskretion verpflichtet fühle. Entsprechend habe ich alle Fälle so weit verfremdet, dass keine Rückschlüsse möglich sind. Ich bedanke mich ausdrücklich für das Vertrauen aller Unternehmer, die ich bis heute als Sparringspartner begleiten durfte, und für ihre Erlaubnis, ihre Geschichte in dieser Form zu verwenden, damit andere Unternehmer von ihnen lernen können. Ihr seid wahre Champions!

Wenn ich in diesem Buch übrigens von „Unternehmern“ oder „Gründern“ schreibe, meine ich immer auch Unternehmerinnen und Gründerinnen – ich habe nur zugunsten der Lesbarkeit darauf verzichtet, immer beide Geschlechter zu erwähnen. So, nun lade ich Sie ein auf einen Tauchgang in unbekannte Tiefen. Lassen Sie uns starten ...

TEIL 1

SIE MÜSSEN DOCH ...!

Wie ich meinen eigenen Käfig gebaut habe

Sie als Unternehmer agieren nicht im luftleeren Raum oder auf dem Ponyhof. Sie sind durch eine ganze Reihe von äußeren Auflagen in Ihrer Gestaltungsfreiheit eingeschränkt: Vielleicht steht zum Beispiel die Bank jeden Monat bei Ihnen auf der Matte und will den vereinbarten Kapitaldienst von Ihnen. Der Gesetzgeber verlangt, dass Sie die gesetzlichen Vorgaben beachten. Das Finanzamt ruft nach Ihren Steuern. Der Industrieverband verweist Sie auf seine Richtlinien. Die Liste lässt sich noch ein ganzes Stück verlängern.

Solche Faktoren können Sie nicht wirklich oder nur sehr wenig beeinflussen. Die sind *part of the game*. Die sind Teil des Spielfelds, das vordefiniert ist, wenn Sie im Spiel „Unternehmersein“ in Deutschland mitspielen wollen.

Sehr viele Unternehmer, die ich kenne, fühlen sich aber nicht wie auf einem Spielfeld, sondern sie haben eher das Gefühl, in einem viel zu engen Käfig gefangen zu sein. Und sie haben das Gefühl, dass dieser Käfig ihnen aufgezwungen worden ist und sie nun daran hindert, ihre Welt zu ihrer Zufriedenheit gestalten zu können.

Was daran wahr ist: Solche Unternehmer sitzen tatsächlich in einem Käfig, der sie daran hindert, ein erfülltes Leben zu führen und Freude an ihrer Firma zu haben. Noch dazu befindet sich in diesem in aller Regel ein Hamsterrad, in dem sie täglich viele Runden drehen. Wenn es ganz schlecht läuft, besteht der Käfig nur noch aus Hamsterrad. Weil für nichts anderes mehr Platz ist. Dann ist die Aussicht auf Zufriedenheit tatsächlich extrem gering.

Was daran nicht wahr ist: Im Gegensatz zu dem von den Rahmenbedingungen vorgegebenen Spielfeld sind die Gitterstäbe nicht von außen vorgegeben. Sie sind selbst gebaut. Denn wir machen uns unsere Welt zu einem erheblichen Teil selbst. Nur machen wir sie uns nicht – wie Pippi Langstrumpf widdewiddewitt – so, wie sie uns gefällt. Wir basteln uns eine Welt, die uns unzufrieden oder sogar krank macht.

Das „Baumaterial" für unsere Gitterstäbe sind Erwartungen und zwar die, die wir glauben erfüllen zu müssen. Sie sind so mächtig, dass wir unser gesamtes Denken und Handeln danach ausrichten und unseren Alltag entsprechend gestalten. Wir sind gefangen in einem Käfig, den wir selbst errichtet haben.

Was den Erwartungen diese Macht über Menschen gibt und von welchen Seiten Erwartungen an Sie als Unternehmer gerichtet werden, das erfahren Sie in den nächsten Kapiteln. Beginnen möchte ich mit Ihnen bei der Person, die oft den größten Anteil an diesen Erwartungen hat …

1 MENSCH, ICH …

Alle Menschen haben Erwartungen an sich selbst. Ob Sie als Kind von sich erwarten, beim Fußballspielen nicht hinter Ihren Freunden zurückzubleiben, als Heranwachsender der Coolste in der Clique zu sein, im Berufsleben einen guten Job zu machen, als Mama oder Papa Ihren Kindern ein liebevolles Zuhause zu bieten, als Senior oder Seniorin auch im höheren Alter noch fit zu bleiben: Sie haben in jedem Alter und in jedem Kontext ein Bild von sich im Kopf, dem Sie entsprechen wollen.

Die wenigsten dieser Erwartungen haben Sie für sich formuliert oder gar schriftlich niedergelegt. Ja, viele Ihrer Erwartungen an sich sind Ihnen nicht einmal bewusst. Und doch richten Sie Ihr Denken und Ihr Verhalten tagtäglich danach aus.

Immer wieder schießen Ihnen Gedanken durch den Kopf wie: „Mensch, ich muss mich mehr anstrengen – ausgerechnet der doofe Paul hat mich ausgedribbelt." Oder: „Mensch, ich war schon viel zu lange nicht mehr mit Hanna und Marie auf ihrem Lieblingsspielplatz." Oder: „Mensch, ich werde ja wohl noch kapieren, wie dieses Smartdingstelefon zu bedienen ist. Schließlich gehöre ich noch nicht zum alten Eisen."

Ich lehne mich wohl nicht zu weit aus dem Fenster, wenn ich sage, dass auch Sie als Unternehmer Erwartungen an sich haben. Diese Behauptung überrascht Sie wahrscheinlich wenig. Was Sie dagegen vielleicht so zum ersten Mal hören: Sie haben es damit schwerer als viele Nicht-Unternehmer.

Warum das so ist? Zur Beantwortung dieser Frage lade ich Sie ein, sich mit mir auf einen ersten kleinen Tauchgang unter die Oberfläche des Unternehmerseins zu begeben.

Scheinbar harmlos

Erwartungen sind fast immer an Rollen geknüpft: sowohl die Erwartungen, die Sie an sich selbst stellen, als auch die, die Sie an andere und andere an Sie stellen. Von einer Bedienung im Lokal erwarten Sie, dass er oder sie Sie bedient, von Ihren Freunden, dass diese sich Ihnen gegenüber freundlich verhalten, von Ihren Mitarbeitern, dass sie sich für Ihr Unternehmen einsetzen.

Jede Rolle bringt also ihre ganz eigenen Erwartungen mit sich. Und wie ist das mit der Unternehmer-Rolle? Welche Erwartungen sind mit Ihrer Rolle als Unternehmer verknüpft? Was erwarten Sie von sich als Unternehmer? Was verstehen Sie überhaupt darunter, ein Unternehmer zu sein?

Diese Fragen klingen viel harmloser, als sie es sind. Sie sind nämlich nur so lange harmlos, wie Sie nicht angefangen haben, darüber nachzudenken. Sobald Sie das tun, werden Sie von einer Frage auf die nächste kommen. Darum, warum das gut so und vor allem gut für Sie ist, dreht sich im Prinzip mein ganzes Buch.

Doch lassen Sie uns zunächst bei der Frage bleiben, welche Erwartungen und damit welche Rollen ein Unternehmer in seiner Firma hat.

Und bei der Behauptung, dass die meisten Unternehmer sich diese Frage noch nie gestellt haben. Wenn sie es täten, würden viele von ihnen sehr schnell entdecken, dass sie in ihrem Unternehmen mehr als eine Rolle einnehmen.

Triple Agent

Wenn ein Unternehmer mit mir ins Sparring geht, lasse ich mir von ihm erst einmal erzählen, wie sein Alltag in der Firma aussieht: Zum Beispiel womit er sich den ganzen Tag beschäftigt, was seine Aufgaben sind, in welche Bereiche er wie involviert ist, was ihn von seinem Abteilungsleiter oder seinem Controller unterscheidet. Aus seinen Antworten kann ich mir schnell ein Bild machen davon, welche Rollen dieser Unternehmer in seinem Haus bespielt.

In sehr vielen Fällen sind das gleich drei:

- Die Fachkraft-Rolle: Sie sind im Unternehmen Ihr erster Experte. Sie sind der Macher als Programmierer oder Controller oder Marketingfachmann oder was auch immer. Das können Sie, Sie machen das gerne, Sie glauben, dass Sie die anstehenden Probleme und Aufgaben sehr gut lösen können. Sie arbeiten IM Unternehmen.

- Die Manager-Rolle: Sie arbeiten als Ihr eigener Betriebsleiter. Sie organisieren, ordnen, steuern, überprüfen und sorgen dafür, dass das System Firma funktioniert. Sie erarbeiten Strukturen und Prozesse, Sie sorgen dafür, dass die Arbeit optimal läuft. Damit arbeiten Sie taktisch AM statt IM Unternehmen.

- Die Unternehmer-Rolle: In dieser Rolle arbeiten Sie ebenfalls AM statt IM Unternehmen, allerdings mit einem anderen Schwerpunkt. In dieser Rolle sind Sie der strategische Kopf der Firma. Sie sind für die langfristige Ausrichtung und deren Weiterentwicklung zuständig – immer auf der Suche nach neuen Ideen und Chancen. Ihr Blick geht in Richtung Zukunft.

Dieses Dreier-Modell habe ich nicht erfunden, es stammt von dem US-amerikanischen Autor Michael E. Gerber. Ich nutze es gerne, weil sich an ihm so anschaulich zeigen lässt, wie die Rollenhäufung bei vielen Unternehmern zustande kommt.

Wenn Sie Gründer sind, ist es zu Beginn ganz normal, dass Sie alle drei Rollen innehaben: Sie sind alleine oder haben bestenfalls eine Handvoll Mitarbeiter.

Das heißt, Sie sind selbst und ständig am Arbeiten, weil Sie alles, was anfällt, selbst erledigen – das ist eben so, wenn Sie sich selbstständig machen. Solange Sie allein oder in einem sehr kleinen Team arbeiten, lassen sich die drei Rollen auch in Personalunion noch einigermaßen bewältigen.

Dass diese Rollen durch die damit verbundenen unterschiedlichen Ziele, Aufgaben und Erwartungen immer wieder miteinander in Konflikt geraten, das erleben Sie dennoch auch in dieser Konstellation: Als Fachkraft erwarten Sie von sich, dass Sie das perfekte Produkt abliefern. Sie verbringen Stunde um Stunde, um die an sich gute Lösung hier noch ein bisschen nachzubessern, dort noch ein wenig zu optimieren. Bei jedem prüfenden Blick finden Sie ein weiteres Detail, das Sie noch nicht zufriedenstellt. Ihnen ist klar: Bevor Sie einem Ihrer Mitarbeiter oder gar einer externen Kraft erklären, wie die Korrektur aussehen muss, nehmen Sie diese lieber gleich selbst vor. Der Qualitätsanspruch, den Sie als Fachkraft von Haus aus haben, potenziert sich noch, weil Sie das Produkt ja nun unter Ihrem eigenen Namen vermarkten.

Der Manager in Ihnen dagegen hat die Erwartung an sich, dass er seinen Laden so aufstellt, dass er wirtschaftlich läuft.

In dieser Rolle haben Sie sich also viele Gedanken um effiziente Strukturen und Prozesse gemacht, in Ihren Business-Plan wohl überlegte Zahlen zu den nötigen Investitionen und Ressourcen eingetragen und für eine gewisse Ordnung gesorgt: Und jetzt will die Fachkraft in Ihnen all diese Vorgaben und Vereinbarungen einfach über den Haufen schmeißen? Spinnt die?

Sie sehen: Allein die Erwartungen dieser beiden Rollen können sich diametral entgegenlaufen. Sind Sie sich der Rollen, die Sie einnehmen, nicht bewusst, prallen diese konträren Erwartungen in Ihnen ungebremst aufeinander und lösen innere Konflikte aus. Sie kämpfen mit sich und können den Grund für Ihre Zerrissenheit oftmals nicht einmal benennen. Zwar lösen sich die widerstrebenden Interessen und damit die Konflikte nicht in Luft auf, wenn Sie sich dieser unterschiedlichen Rollen bewusst sind – aber Sie können besser damit umgehen.

Weil jedoch den meisten Gründern und auch Unternehmern, die schon länger dabei sind, dieses Bewusstsein fehlt, enttäuschen sie sich selbst ständig entweder in der einen oder in der anderen Erwartung. Entsprechend sind sie permanent mit sich unzufrieden – ein Zustand, der nicht nur psychisch an ihnen nagt. Und es gesellen sich darüber hinaus auch noch die Erwartungen dazu, die sie an ihre Rolle als Unternehmer haben.

Das sind noch einmal ganz andere als die, die die Fachkraft und der Manager an sich haben.

Auf die Erwartungen eines Unternehmers an sich komme ich gleich zu sprechen, denn da wird es noch ein bisschen komplizierter. Vorher will ich mit Ihnen noch klären: erstens ab wann die gründertypische Triple-Agent-Nummer schiefgehen *muss* und zweitens, warum auch Nachfolger, Mitgesellschafter und Mitarbeiter, die sich an ihrem Unternehmen beteiligen oder gar im Management-Buy-out eine ganze Firma übernehmen, vor dem Rollenmix nicht gefeit sind.

Triple-Agent-Killer

Die meisten Start-ups sind auf Wachstum ausgelegt. Das heißt, wenn das Konzept aufgeht, entwickelt sich aus dem Ein- oder Wenige-Personen-Team ein größeres. Die Aufgaben und damit die Rollen werden auf mehr Köpfe verteilt, es kommen neue Rollen hinzu, im offiziellen Organigramm wächst die Zahl der Positionen. Nur einer behält oft alle seine Ursprungsaufgaben und -rollen: der Gründer. Weil ihm gar nicht bewusst ist, dass er gleichzeitig die Rolle der Fachkraft, des Managers und des Unternehmers innehat, versucht er, alle drei weiterhin zu bedienen.

Das ist er so gewohnt und schließlich werden alle drei Rollen gebraucht. Das Problem dabei ist nur: Der Aufwand, der in jeder dieser Rollen erforderlich ist, um das Unternehmen weiter voranzubringen, steigt mit der wachsenden Firmengröße – oder potenziert sich sogar. Irgendwann lassen sich die Erwartungen, die mit den drei Rollen verknüpft sind, nicht mehr in einer Arbeitswoche erfüllen – und sei sie noch so lange: Keine 80-Stunden-Woche, keine 100-Stunden-Woche reicht mehr aus.

Entscheiden Sie sich als Gründer für Wachstum, ist damit eigentlich die Entscheidung verknüpft, welche Rolle aus der Gründerzeit Sie abgeben wollen: Da kommt in der Regel als Erstes die Fachkraft-Rolle infrage und mit der Zeit dann auch die Manager-Rolle, sodass nur die Unternehmer-Rolle übrig bleibt.

Es gibt Gründer, die genau aus diesem Grund auf Wachstum verzichten: Sie wollen sich von keiner Rolle trennen. Das ist oft nicht eine bewusste Entscheidung, sondern eine intuitive. Sie spüren, dass ihnen die expandierende Firma über den Kopf wächst, und legen die Wachstumsbremse ein. Das ist vollkommen in Ordnung. Sie limitieren ihre Firma und ihre unternehmerischen Möglichkeiten zum Beispiel zugunsten ihrer Liebe zur eigenen Fachtätigkeit.

Inwieweit sie sich selbst in diesem Fall als Unternehmer verstehen, bleibt offen. Ich beobachte aber, dass bei denjenigen, die die Entscheidung ohne das Wissen um die Rollen aus dem Bauch heraus getroffen haben, ein Stachel zurückbleibt: ein Gefühl des Misserfolges, ein Gefühl des Versagens, kein Firmenwachstum hinbekommen zu haben. Dasselbe gilt übrigens für die Vermengung der Verantwortlichkeiten, die aus einer Funktion beziehungsweise aus einer Rolle erwachsen – aber darauf möchte ich erst später ausführlicher eingehen, sonst verwirre ich Sie mit diesem Begrifflichkeits-Kuddelmuddel nur. Lassen Sie uns das später glatt ziehen.

Tatsache ist, dass den meisten Gründern die Notwendigkeit der Entscheidung nicht bewusst ist, weil sie ja schon der verschiedenen Rollen nicht gewahr sind. Sie machen einfach so weiter und werden so zwangsläufig mindestens eine ihrer drei Rollen vernachlässigen. Die Rolle, die darunter in aller Regel am meisten leidet, ist die des Unternehmers.

Das operative Geschäft drängt sich im Alltag immer vor: Termine, Zahlen, Rechnungen, Kundenreklamationen, Organisationsthemen, Mitarbeitersorgen und und und.

Still und heimlich fallen die eigentlichen Unternehmerthemen wie langfristige Ausrichtung und Rahmenbedingungen dem Firmenerfolg zum Opfer: gekillt vom eigenen Wachstum.

Achten Sie einmal darauf: Wie stellen sich Unternehmer Ihnen vor? Meine Erfahrung ist, dass sehr viele sagen: „Ich bin selbstständig." oder gar: „Ich bin selbstständiger Unternehmer." Solche Formulierungen sind oft schon ein Hinweis darauf, dass sie die drei Rollen für sich nicht auseinanderhalten, sondern in einen Topf werfen. Daraus ergibt sich zwangsläufig, dass sie tatsächlich selbst und ständig arbeiten – und dass das für sie zu ihrem Unternehmersein dazugehört. Auch damit prägen sie ihre Erwartung an sich selbst.

Das gilt übrigens nicht nur für Gründer, die in aller Regel mit drei Rollen starten und irgendwann vor der Entscheidung stehen, ein bis zwei loszulassen (und damit auch die Erwartung an sich entsprechend neu zu justieren). Das trifft auch zu, wenn Sie in Ihr Unternehmersein nicht als Gründer, sondern auf anderem Weg gestartet sind. Denn ausschließlich in der Unternehmer-Rolle fangen die wenigsten an.

Eine Rolle kommt selten allein

Haben Sie nicht selbst gegründet, gibt es weitere Möglichkeiten, wie Sie Ihren Weg zum Unternehmer antreten, zum Beispiel:

1. Sie übernehmen ein bestehendes Unternehmen als Nachfolger oder steigen zumindest ein – entweder als Familienmitglied des vorherigen Unternehmers oder auch als jemand, der von extern kommt und die Firma kauft.

2. Sie ergreifen als Führungskraft oder Mitarbeiter die Chance, sich an Ihrem Betrieb zu beteiligen und neben dem ursprünglichen Chef zum Mitinhaber zu werden. Oder Sie übernehmen ihn alleine oder gemeinsam mit anderen Kollegen der Firma ganz in einer Art Management-Buy-out, einem MBO.

3. Sie beteiligen sich an einer bestehenden Firma, indem Sie von außen als Mitgesellschafter einsteigen, ohne operativ tätig zu werden.

Nehmen wir als Erstes das Beispiel Nachfolger: In welche Rolle und die damit verknüpfte Erwartungshaltung Sie hineinschlüpfen, hängt auch davon ab, wie Ihr Weg ins Unternehmen aussieht.

Vielleicht haben Sie gezielt Management studiert und Ihr Vater oder Ihre Mutter ermöglicht es Ihnen schon währenddessen oder gleich im Anschluss an das Studium, in die Management-Rolle hineinzuwachsen. Diese Rolle lernen Sie dementsprechend selbst kennen, die Rolle der Fachkraft dagegen nicht.

Ich kenne aber auch viele Fälle, in denen die Kinder zunächst als Vorbereitung auf die Manager-Rolle ein Trainee-Programm in den Abteilungen absolvieren. Ziel ist, dass sie die Fachkraft-Rolle kennenlernen und damit Einblicke in die Firma und auch mehr Akzeptanz in der Belegschaft finden.

Die Rolle oder Rollen, von denen aus Sie starten, behalten Sie häufig bei, selbst wenn Sie in die Unternehmensspitze aufgerückt sind. In größeren Firmen können Sie sich in der Regel noch von der Fachkraft-Rolle trennen, von der Manager-Rolle dagegen selten.

Bei der Mitarbeiter-Beteiligung bis hin zum MBO ist es meist so, dass Sie von der Fachkraft- oder Manager-Rolle kommen und bislang ganz und gar auf diese Rolle fokussiert waren. Nun tritt eine neue hinzu: die des Unternehmers. Haben Sie kein Bewusstsein für diese neue Rolle, ist die Gefahr groß, dass Sie sie nicht wahrnehmen.

Sie bauen sich deshalb vielleicht sogar unbewusst eine Wachstumsbremse ein, weil Sie immer noch auf Ihre angestammte Rolle fokussiert sind und die neue in Konkurrenz zu Ihrem „eigentlichen“ Unternehmensbeitrag sehen. Für die Firma ist das gefährlich, wenn nach dem Ausscheiden des ursprünglichen Unternehmers dessen Rolle nicht mehr gefüllt ist. Es entsteht ein unternehmerisches Vakuum. Das macht sich häufig nicht sofort bemerkbar, denn für das Tagesgeschäft ist ja das Management zuständig. Doch bei der langfristigen Entwicklung wird die Lücke schmerzhaft sichtbar, weil die Vision und die klare Ausrichtung fehlen.

Steigen Sie als Gesellschafter im Mittelstand ein, gehen Sie häufig direkt in die Unternehmer-Rolle, ohne eine der beiden anderen Rollen zu tangieren. Da fällt die Fokussierung leichter. Allerdings nehmen manche Gesellschafter noch nicht einmal die Unternehmer-Rolle für sich an: Sie beanspruchen keinen Anteil an der Gestaltung und üben auch sonst keinen Einfluss aus. Sie beschränken sich darauf, meist Kapital in diese Firma investiert zu haben. Entsprechend haben sie in Ermangelung einer aktiven Rolle auch keine Rollenkonflikte. Die Frage ist allerdings, wie viel Unternehmersein in einer solchen Haltung noch steckt.

An diesem Punkt zeigt sich eine Krux, die Ihnen in diesem Zusammenhang häufiger begegnen wird: Nicht nur unter dem Begriff Unternehmer versteht jeder etwas anderes, sondern auch unter solchen Bezeichnungen wie Gesellschafter, Geschäftsführer, Manager oder auch Chef oder Boss. Es gibt keine trennscharfen Abgrenzungen, entsprechend kugeln inhaltlich Rollen, Positionen und Funktionen munter durcheinander. Jeder glaubt zu wissen, was der andere sagt, doch ist höchst ungewiss, ob sie beide das jeweils Gleiche meinen. Deshalb sind Gespräche zu diesem Thema oft mühsam.

Doch zurück zum Thema Rollen und einer Frage, die sich Ihnen vielleicht auch schon aufgedrängt hat …

Vor lauter Stäben

Warum werden sich so wenige Unternehmer der unterschiedlichen Rollen, die sie ausüben, je bewusst? Sie erleben an sich doch immer wieder die inneren Konflikte. Sie registrieren, dass sie nicht alles leisten können, was für das Unternehmen sinnvoll wäre. Vielleicht beobachten sie auch, dass sich dieses Defizit schädlich auf ihr Unternehmen auswirkt. Und fühlen sich erst recht unzulänglich.

Wenn Ihnen trotz all dieser quälenden Folgen bisher nie der Gedanke gekommen ist, Ihre Lage könnte mit den verschiedenen Rollen zu tun haben, die Sie im Unternehmen spielen, hat das einen guten Grund: Sie haben die Dinge noch nie von dieser Warte aus betrachtet. Es fehlt Ihnen die entsprechende Perspektive.

Diese können Sie auch nicht erlangen, solange Sie die Welt nur aus einem einzigen Blickwinkel betrachten. Wenn Sie tagein, tagaus nur im operativen Hamsterrad rennen, reicht Ihr Blick maximal bis zu den Gitterstäben des Käfigs, den Sie sich gebaut haben. Und je fleißiger Sie treten, desto weniger sehen Sie sogar diese: Ihr Hamsterrad dreht sich dadurch umso schneller und Sie sehen bald nur noch dessen Sprossen. Dieser Ausblick hält Sie gefangen und angesichts Ihrer hohen Geschwindigkeit bleibt Ihnen kein Augenblick zum Nachdenken.

In Ihr Hamsterrad steigen Sie vielleicht nicht gleich am Tag der Gründung oder Ihrer Übernahme der Firma ein. Aber lange dauert es wahrscheinlich nicht. Rückblickend auf meinen eigenen Weg würde ich sagen: Ich habe am 13. Oktober 2000 gegründet. Und ab dem 16. Oktober begann ich, in meinem Hamsterrad Fahrt aufzunehmen.

Meiner Beobachtung nach geht das den meisten Unternehmern so und entsprechend wenig verbreitet ist das Bewusstsein der Rollen. Obwohl das Modell so praxisnah und allgemeingültig ist: Wenn ich es Unternehmern im Sparring vorstelle, können sie es alle für sich selbst nachvollziehen. Gleichzeitig wird ihnen klar, welche Erwartungen sie aus diesen Rollen heraus an sich richten.

Darüber hinaus gibt es jedoch noch weitere selbst gemachte Erwartungen von Unternehmern. Diese sind Ausdruck der Motive, die den- oder diejenige beim Einstieg in das Unternehmersein angetrieben haben.

Warum?

Ein Motiv für etwas zu haben, heißt ein Warum zu haben. Sie können es auch Sinn nennen. Dieses Warum ist der stärkste Motor für menschliches Handeln schlechthin – auch, um Unternehmer zu werden. Es geht mir in diesem Kontext nicht um das Warum, das dem Unternehmen zugrunde liegt – das gibt es natürlich auch –, sondern nur um den persönlichen Antrieb des Unternehmers.

Hier können die Motive sehr unterschiedlich sein. Meiner Beobachtung nach sind Gründer zum Beispiel wesentlich häufiger intrinsisch motiviert als Unternehmer, die in bestehende Firmen einsteigen: Sie wollen etwas erschaffen, sie wollen ihr Ding machen, sie wollen etwas bewegen. Ihre Erwartungen sind daher oft nicht primär finanziell ausgerichtet. Ich habe einen Unternehmer kennengelernt, der zum Beispiel mit der Erwartung an sich selbst in die Selbstständigkeit gestartet ist, der beste Tischler Deutschlands zu werden.

Auch ein häufiges Gründer-Motiv: Freiheit. Letztes Jahr war ich wieder in Venice Beach und kam ins Gespräch mit einem jungen Rikscha-Fahrer am Ocean Front Walk. Braun gebrannt und grinsend stand er an sein Gefährt gelehnt, die knallbunte Sonnenbrille hochgeschoben und selbstbewusst die Arme in die Seite gestemmt. Es stellte sich heraus, dass er inzwischen nicht mehr Angestellter irgendeiner Firma war, sondern auf eigene Rechnung fuhr. Als ich ihn fragte, warum er sich selbstständig gemacht hatte, antwortete er mir: „Ich war es einfach leid, auch schwachsinnige Entscheidungen meiner Chefs umsetzen zu müssen. Ich wollte selbst entscheiden, wann ich morgens anfange, wie lange ich fahre und wie viel Geld ich dafür verlange.“

Typisch für Unternehmer mit solchen Motiven ist, dass es sie innerlich nicht zufrieden macht, wenn „nur" die Firma nach einiger Zeit gut oder sogar hervorragend läuft. Ihre Erwartung an sich ist damit noch nicht erfüllt.

Bei Nachfolgern finden Sie anders als bei Gründern auch Motive wie „die Familientradition aufrechterhalten", „dem Vater oder der Mutter zuliebe das Unternehmen gut weiterführen" oder „das Unternehmen erfolgreich in die nächste Generation führen". Die Erwartungen, die Sie aus diesen Motiven heraus an sich stellen, sind dann naturgemäß anders als bei Unternehmern ohne ein solches Erbe.

Die Sehnsucht, stolz auf das eigene Werk sein zu können, ist dagegen völlig unabhängig vom Einstiegsweg ins Unternehmersein ein wichtiger Antrieb. Oder auch das Motiv, sich als stark genug zu erweisen, um das Risiko aushalten zu können, das mit dem Unternehmersein verbunden ist. Nicht nur finanziell, sondern auch emotional. Vielleicht gehört dies auch ein Stück weit dazu, denn wenn Sie der Chef sind, können Sie bei Schwierigkeiten nicht mit den Achseln zucken und sagen: „Ist nicht mein Problem." Es ist Ihr Problem!

Daraus entwickelt sich bei manchen die Erwartung an sich, unter keinen Umständen Schwäche zu zeigen.

Vor allem nicht ihren Mitarbeitern gegenüber: So hatte ich einen Unternehmer im Sparring, für dessen Firma sich eine Schieflage anbahnte. Im Gegensatz zu seinen Leuten hatte er die Situation schon erkannt. Also besprachen wir die Frage, wie er damit umgehen könnte. Seine Antwort auf die Option, der Belegschaft reinen Wein einzuschenken, war: „Wenn ich jetzt die Hosen runterlasse und sage ‚So ist das', denken die doch, ich habe es nicht im Griff. Das kann ich nicht machen." Lieber wollte er die Lage noch ein bisschen intransparent halten, als nicht mehr als vorbildlich zu gelten.

Natürlich gibt es profanere Antriebe wie das Streben nach einem hohen sozialen Ansehen oder ein sehr gutes Einkommen. Und selbstverständlich sind auch solche Motive legitim. Bei diesen ist allerdings die Verwechselungsgefahr groß ...

Wozu?

Wenn ich Unternehmer nach ihrem Warum bei der Gründung oder dem Einstieg frage, geben sie mir zwar sofort oder zumindest nach einigem Überlegen eine Antwort.

Doch sehr häufig erwidere ich dann: „Das ist eine gute Antwort, aber nicht die Antwort auf meine Frage." Denn die meisten nennen mir ihr Wozu.

Das Wozu steht immer für den Zweck, den das Unternehmen für Sie erfüllen soll: Was soll die Firma Ihnen bringen?

Wenn die Unternehmer mir zunächst das Wozu nennen anstatt des Warums, tun sie das nicht, um mich zu ärgern. Es liegt vielmehr daran, dass sich die Unternehmer ihre Motive selten wirklich bewusst gemacht haben und weil es ganz schön herausfordernd ist, das Warum und Wozu auseinanderzuklamüsern. Ich hake deshalb ebenfalls nicht nach, um meine Sparringspartner zu ärgern, sondern aus einem besseren Grund: Für die Klärung der eigenen Erwartungen ist es enorm wichtig, den Sinn des ganzen Unterfangens, das Warum, von seinem Zweck, dem Wozu, zu differenzieren und beides glatt zu ziehen. Das ist lange nicht so leicht, wie es sich anhört: Lassen Sie sich bitte nicht abschrecken, dass – wenn Sie über Ihr Warum und Ihr Wozu nachdenken – die Trennschärfe zwischen beidem zunächst erst einmal abzunehmen scheint. Das ist Teil des Prozesses.

Es ist auch nicht so, dass das Wozu unwichtig ist, im Gegenteil. Doch es ist dem Warum „nachgeschaltet".

Ist nur das Wozu erfüllt und nicht das Warum, bleibt die Zufriedenheit aus.

Verwandlung – oder auch nicht

Ihre Motive als Unternehmer können sich allerdings mit der Entwicklung Ihrer Firma auch wandeln. Gerade wenn Sie Ihren Betrieb aus kleinen Anfängen aufgebaut und zum Wachstum gebracht haben. Weiter oben bereits haben Sie von dem sich dann zuspitzenden Rollenkonflikt erfahren: Wenn Sie schon rein zeitlich nicht mehr alle drei Rollen in Personalunion ausfüllen können, setzen Sie, wenn es gut geht, Ihre Prioritäten und trennen sich von einer oder zweien. Und wenn es noch besser geht, trennen Sie sich auch von den rollenspezifischen Erwartungen an sich. Erinnern Sie sich an den Handwerker, der Deutschlands bester Tischler werden wollte – also ganz aus seiner Fachkraft-Rolle heraus dachte? Als ich ihn einige Jahre später fragte, ob er es nun ist, antwortete er mir: „Nee, nicht mehr. Ich habe inzwischen super Tischlergesellen und -meister eingestellt, die heute besser sind als ich. Und das ist gut so, denn so kann ich ruhigen Gewissens meine Firma führen und weiterentwickeln."

Das ist ein Prozess, den ich immer wieder beobachte: Der Unternehmer hat zu Beginn noch stark produktbezogene Erwartungen an sich. Im Laufe der Entwicklung bekommt er jedoch mehr und mehr Lust auf die Gestaltung seines Betriebs und verändert die Sicht auf seine Verantwortung – und Erwartung.

Läuft das mit dem Erwartungsbewusstsein allerdings nicht so gut wie bei dem Tischler, dann stellt der Unternehmer sich vielleicht zwar einen Geschäftsführer ein, der die Manager-Rolle übernehmen soll. Solange er jedoch insgeheim von sich selbst erwartet, dass er weiterhin die klügsten operativen Entscheidungen trifft, ist ein Scheitern vorprogrammiert. Egal, ob Sie nun der Unternehmer oder der Geschäftsführer sind: Diese Konstellation ist für beide Seiten frustrierend.

Ähnliches gilt, wenn der Unternehmer weiterhin sein versiertester Spezialist sein will. Ich kenne einen Inhaber, der einen Betrieb mit mehreren Hundert Angestellten hat. Und in einem der Fachbereiche der Firma liebt er es nach wie vor – sehr zum Leidwesen der Mitarbeiter dort –, in der Fachkraft-Rolle aufzutreten. Er kann einfach nicht loslassen, obwohl er seinen Rollenkonflikt inzwischen sehr gut erkannt hat.

Unbewusst gefährlich

Wissen Sie, welche Erwartungen Sie genau an sich haben? Meiner Beobachtung nach ist das so wie mit den Rollen: Nur sehr wenige Unternehmer machen sich ihre persönlichen Erwartungen an ihr Unternehmersein bewusst. Das ist nicht nur deshalb gefährlich, weil sich die Erwartungen durchaus widersprechen können. Auch da gibt es eine Parallele zu den Rollen: So wie diese diametral entgegenlaufen können, kann auch ein Bündel an Erwartungen in sich unerfüllbar sein. Werden Sie der einen Erwartung gerecht, enttäuschen Sie sich zwangsläufig in der anderen. Alltägliches Beispiel: Sie erwarten von sich, dass Sie als sportlich-dynamischer Macher auftreten. Gleichzeitig erwarten Sie von sich, dass Sie der Erste sind, der morgens kommt, und der Letzte sind, der abends geht. Zeit für Sport? Keine Chance.

Gefährlich ist ein fehlendes Bewusstsein für die eigenen Erwartungen noch aus einem anderen Grund: Wenn Sie schon über Ihre Erwartungen keine Klarheit haben, wissen Sie oft erst recht nicht, wann und wie Sie diesen diffusen Erwartungen gerecht werden. Wie erkennen Sie, dass Sie Ihre Erwartungen verfehlt, erfüllt oder gar übertroffen haben? An was machen Sie das fest? Wann dürfen Sie sich selbst auf die Schulter klopfen und stolz auf sich sein?

Es ist überhaupt nicht selbstverständlich, dass Sie dieses Gefühl „dann schon irgendwie kriegen, wenn es so weit ist“. Wenn Sie sich nie Gedanken gemacht haben, wann es so weit ist, laufen Sie möglicherweise ein Leben lang einer Illusion hinterher, weil Ihre Erwartung von Haus aus unerfüllbar ist. Es spricht nichts dagegen, dass Sie große Erwartungen an sich haben dürfen. Sie sollten sich dieser Erwartungen in all ihren Dimensionen nur besser bewusst sein.

Ich würde mich deshalb schon sehr freuen, wenn Sie nur diese eine Frage für sich aus diesem Buch mitnehmen: „Was muss eintreten, damit ich meiner eigenen Erwartung gerecht geworden bin?“ Finden Sie die Antwort darauf, haben Sie schon viel gewonnen.

Wenn Sie aber Lust auf noch mehr spannende Fragen haben, lade ich Sie ein, mit mir noch tiefer zu tauchen. Lassen Sie uns sehen, welche Erwartungen neben Ihren eigenen an Sie als Unternehmer herangetragen werden und Sie zum Bau eines viel zu engen Käfigs animieren ...

2 HALLO CHEF …

Jetzt geht Ihre Zerreißprobe erst richtig los: Nicht genug, dass Ihre Erwartungen an sich selbst unterschiedlich und widersprüchlich sein können. Auch von außen werden jede Menge Erwartungen an Sie als Unternehmer herangetragen, mit denen Sie umgehen müssen.
Ihre Mitarbeiter, Ihre Kunden und Ihr privates Umfeld haben jeweils ihre ganz eigene Perspektive auf Sie und entsprechend sind ihre Erwartungshaltungen nicht nur unterschiedlich, sondern gehen teilweise diametral auseinander. In alle Richtungen zerrt es an Ihnen.

Zwar müssen Sie für diese Zerreißprobe nicht extra Unternehmer werden: Bei Unternehmern ist es nur insofern etwas extremer, weil deren Zerrissenheit immer im Kontext der weitreichenden Konsequenzen ihres Handelns stattfindet: Welchen Erwartungen können, dürfen oder müssen sie gerecht werden, damit es der Firma gut oder zumindest nicht schlechter geht? Gerade wenn es mal nicht so gut läuft oder Sie in einem Tief hängen, fühlen Sie großen Druck, manchmal sogar Existenzangst. Vielleicht haften Sie mit Haus und Hof. Vielleicht wissen Sie nicht, wie Sie den nächsten Monat hinkriegen sollen. Vielleicht quälen Sie sich mit Gedanken wie: „Was passiert, wenn ich jetzt diesem Mitarbeiter kündige? Was bedeutet das für seine Familie?“ Das sind echte Battles.

Ich kenne keinen Unternehmer, den die Erwartungen des beruflichen und privaten Umfelds komplett kaltlassen. Und gerade im Umgang mit den Erwartungen der Mitarbeiter hat sich in den letzten Jahren einiges getan.

Mehr und anders

Früher sortierte nur ein Teil der Unternehmer die Erwartungen ihrer Mitarbeiter für sich als sehr wichtig ein. Sie taten das, weil sie sich diesen Menschen verbunden fühlten. Ein anderer Teil kennt dieses Verbundenheitsgefühl weniger und kümmert sich seit ein paar Jahren trotzdem verstärkt um die Mitarbeitererwartungen: Sie haben ganz einfach die Sorge, dass ihre Leute sich sonst aus dem Staub machen und sie keine neuen bekommen.

Früher bedankte sich der Mitarbeiter mehr oder weniger dafür, im Unternehmen arbeiten zu dürfen. Heute hat sich die Waage zur anderen Seite gesenkt.

Entsprechend sind die Ansprüche beziehungsweise die Erwartungen auf Mitarbeiterseite gewachsen. Oder zumindest werden sie spürbarer, weil die Mitarbeiter sie offener äußern.

Und mit den Auswirkungen des Megatrends New Work hält eine weitere Entwicklung Einzug. Mitarbeiter sind informierter, engagierter und mutiger, eigene Ideen für die unternehmerische Gestaltung zu äußern: „Eigentlich könnten wir das doch so oder so machen – andere Firmen machen das übrigens auch schon.“ Und sie wollen mit ihren Vorschlägen gehört werden. Da fühlt sich so mancher Unternehmer unangenehm überrascht. Schließlich waren solche Überlegungen bisher seine Domäne.

Doch die Erwartungen vonseiten der Mitarbeiter sind da, ob der Unternehmer sie gut findet oder nicht. Werden sie nicht beachtet und laufen sie den Erwartungen der Firma entgegen, werden sie zu Sand im Getriebe.

Es knirscht

Nüchtern betrachtet verfolgen ja alle Unternehmen den gleichen Zweck: Der besteht nicht darin, Arbeitsplätze zu schaffen, Mitarbeiter glücklich zu machen oder möglichst viel Profit zu erwirtschaften. Es geht primär einzig und allein darum, Kunden besser zufriedenzustellen, als andere das tun. Je besser das einem Unternehmen als Ganzes gelingt, desto erfolgreicher ist es. Nur darum kommen Werktag für Werktag alle zusammen.

Nach diesem Zweck hat sich alles auszurichten, auch der Mitarbeiter. Der Job des Unternehmers ist es, ein Spielfeld zu gestalten, auf dem die Erfüllung dieses Zwecks möglich ist. Vor dem Hintergrund der aktuellen Rahmenbedingungen, die heute anders sind als vor Jahren und die in zig Jahren wiederum andere sein werden als heute. Komplexität, auch das ist *part of the game*.

Deshalb ist alles, was diesem Zweck schadet, ihn sabotiert, vereitelt, irritiert oder boykottiert, eine Störung. Das ist der Sand im Getriebe. Der entsteht oft auch dadurch, dass Mitarbeiter in ihren Erwartungen enttäuscht werden. Sie werden unzufrieden, leisten nur noch Dienst nach Vorschrift, kündigen innerlich oder streiken.

Die Ergebnisse der jährlich durchgeführten Gallup-Studie sprechen Bände. So gerät der Zweck der ganzen Veranstaltung in Gefahr.

Der Sand muss also raus aus dem oder gar nicht erst rein in das Getriebe – und es ist Ihre Aufgabe, zu überlegen, wie das gelingt.

Erwartungssträuße

Was sind denn überhaupt die Erwartungen, die Mitarbeiter haben? Wenn Sie sich diese anschauen, werden Sie feststellen, dass ein bunter Strauß zusammenkommt: Da wird zum Beispiel die Rede sein von Mut und Weitblick, von Risikobereitschaft und gleichzeitig Verlässlichkeit, fachlicher Ahnung, Nachvollziehbarkeit von Entscheidungen, Anerkennung für Leistung, Gewähr von Arbeitssicherheit und adäquater technischer Ausstattung, sinnvolle Investitionstätigkeit, Akquise passender Kunden, Einstellen von guten Kollegen, aber auch zuverlässige Lohnzahlung und ein wertschätzender Umgang miteinander. Es tauchen also harte faktische Dinge genauso auf wie „weiche" Faktoren.

Ich sage nicht, dass jede geäußerte Erwartung bis in ihre Konsequenz durchdacht ist. Nehmen Sie das Beispiel „Mut und Weitblick“ als eine Erwartung, die immer wieder an den Unternehmer gerichtet wird. Das ist ein zweischneidiges Schwert, denn das umfasst auch so etwas wie konstruktive Selbstzerstörung: Sie stellen Ihr Geschäftsmodell infrage, bevor es andere tun – eine zutiefst unternehmerische Qualität. Um mit dem Titel des erfolgreichsten Albums von Guns N‘ Roses zu sprechen: Ein wenig „appetite for destruction“ gehört dazu.

Theoretisch erwarten Mitarbeiter das von ihrem Chef. Nur wenn es in die Praxis geht, werden schnell Stimmen laut: „Wieso will der jetzt alles neu machen? Muss das sein?“ In den Erwartungen steckt also auch ein gewisser Zwiespalt und bei der Umsetzung trennt sich Spreu vom Weizen.

Doch der eigentliche Clou beim differenzierten Umgang mit Erwartungen liegt an einem anderen Punkt.

Was bin ich?

Die meisten dieser Erwartungen richten sich gar nicht an die Person des Unternehmers, sondern an das Unternehmen. Das ist ein extrem wichtiger Unterschied. Kennen Sie diesen nicht, laufen Sie sehr leicht in eine persönliche Erwartungsfalle. Das ist ein klassisches Phänomen: Es geht um Assoziieren versus Dissoziieren.

Ich will Ihnen den Unterschied an einem Beispiel erklären: Stellen Sie sich vor, Ihr Mitarbeiter äußert die Erwartung, seinen Lohn pünktlich zu bekommen. In echt hat er diese Erwartung gegenüber Ihrem Unternehmen. Sind Sie als Person dissoziiert von Ihrem Unternehmen, nehmen Sie das auch so wahr: Die Erwartung hat erst einmal nichts mit Ihnen persönlich zu tun. So haben Sie eine gewisse Distanz zu dem Geschehen, denn Sie wissen: Sie sind nicht die Firma und die Firma ist nicht Sie. Sie können in Ruhe überlegen, ob Sie die Erwartung nachvollziehen können und – wenn ja – was Sie tun können, damit die Firma dieser gerecht wird.

Sind Sie dagegen assoziiert mit Ihrem Betrieb, nehmen Sie jede Erwartung persönlich. Sie „hören“, dass Ihr Mitarbeiter sich damit an Ihre Person richtet. Seine Erwartung erreicht Sie auf einer anderen Ebene, nämlich auf einer persönlichen.

Sofort kommen Emotionen ins Spiel und es fällt Ihnen schwer, den Sachverhalt sachlich und vielleicht auch taktisch zu überlegen.

Oder nehmen Sie das Beispiel, dass Mitarbeiter unternehmerische Vorschläge an Sie herantragen. Sind Sie assoziiert, hören Sie eher einen Vorwurf heraus im Sinne von „Alles, was du machst, ist sch…“. Wenn Sie sich dadurch angegriffen und verärgert fühlen, wird es Ihnen schwerfallen, über die Idee an sich sachlich nachzudenken.

Sind Sie dagegen dissoziiert, können Sie den Vorschlag anders bewerten: Sie können ihn als Inspiration aufnehmen und inhaltlich prüfen. Und Sie können wahrnehmen, dass der Mitarbeiter offensichtlich echtes Interesse daran hat, mit Ihnen gemeinsam das Unternehmen voranzubringen.

Diese emotionale Beteiligung des Unternehmers ist Chance und Krux zugleich. Es hat natürlich Vorteile, wenn Sie mit Herz und Seele dabei sind. Sie sind mehr als nur identifiziert mit Ihrem Unternehmen, Sie sind nahezu verschmolzen. Sie gehen mit großer Energie an alles heran und setzen sich voll ein. Für einen nüchternen Umgang mit den Erwartungen anderer an Sie ist diese Beteiligung jedoch verhängnisvoll.

Die Assoziation ist übrigens ein häufiges Phänomen unter mittelständischen Unternehmern. Noch ausgeprägter wird sie, wenn eine ganz bestimmte Konstellation vorliegt ...

Wie heiße ich?

Wenn Ihre Firma so heißt wie Sie, ist die Gefahr für Sie noch größer als für andere Unternehmer, dass Sie assoziieren. Ich kenne das von mir selbst, denn auch die Firma, die ich gegründet habe, trägt meinen Familiennamen. Fragen Sie nicht, wie lange ich daran arbeiten musste, wirklich zu verinnerlichen, dass KAAPKE® nicht Timo Kaapke ist, obwohl es KAAPKE® ohne Timo Kaapke nicht gäbe. Das hört sich banal an, doch das müssen Sie für sich erst einmal klar haben und klar halten.

Noch heute erwische ich mich immer wieder dabei, dass ich in einer Besprechung zu einer neuen Idee auch mal äußere: „Dafür gebe ich meinen Namen nicht her."

Verständlich ist das schon: Wenn Sie zum ersten Mal von der Firma KAAPKE® hören, wissen Sie wahrscheinlich noch nicht einmal, dass das ein Familienname ist.

Vielleicht denken Sie an Unternehmensnamen wie BMW und halten ihn für ein besonders kunstvolles Akronym aus *K*reativ *A*ktiv *A*uthentisch *P*rofessionell *K*lar *E*nergiereich. Jedenfalls haben Sie keine besondere Vorstellung. Entsprechend wirkt der Firmenname auf Sie wie ein X-beliebiger Unternehmensname.

Ich dagegen sehe in diesen sechs Buchstaben nicht nur die Firma, sondern auch meinen Opa, meine Oma, meinen Papa, meine Mama, meine Kinder, meine Frau, mich. In meinem Kopf stellen sich also 1.000 Bilder ein, die nichts mit meinem Unternehmen, aber sehr viel mit meinem Leben zu tun haben. Deshalb ist es für mich nicht so leicht, Äußerungen, in denen der Name Kaapke fällt, nicht persönlich zu nehmen. Und wenn ich jemanden schlecht über KAAPKE® reden höre, habe ich noch immer manchmal das Gefühl, dass er sich negativ über Timo Kaapke äußert. Das muss noch nicht einmal so gemeint sein, doch ich nehme es so wahr. Das ist der Punkt beim Assoziieren: Ihre Wahrnehmung ist eine andere, als wenn Sie dissoziiert sind.

Tatsächlich fällt es auch manchen Mitarbeitern und Kunden schwer, den Unternehmer Timo Kaapke von seinem Unternehmen zu trennen. Natürlich gibt es auch Vorteile, wenn Sie Ihr Unternehmen so nennen, wie Sie heißen – das will ich nicht bestreiten.

Wenn Sie Ihren Kunden versprechen wollen, dass Sie ihnen persönlich zur Verfügung stehen werden, kann die Namensgleichheit perfekt sein. Sie sollten nur im Rahmen Ihrer Markenführung gut überlegen, was für Sie und Ihr Unternehmen wichtig ist. Den Nahezu-Automatismus, mit dem Gründer früher ihren Betrieb nach sich benannten, gibt es heute so nicht mehr: Viele geben ihrem Start-up lieber einen Fantasienamen, nicht nur weil zum Beispiel „DigiSalesTech“ cooler klingt als „Torsten Schnackelbeck Technik“.

Bei einer weiteren Firma, an der ich beteiligt bin, die aber nicht meinen Familiennamen trägt, ist die Dissoziation kein Problem für mich. Keinen Moment setze ich mich als Mensch Timo Kaapke mit diesem Unternehmen gleich. Das heißt jedoch nicht, dass ich mich nicht damit identifiziere. Identifikation hat nicht zwangsläufig etwas mit Assoziation zu tun. Ich stehe voll hinter dieser Organisation und ihrem Warum – doch sitzt diese quasi neben mir, ich bin sie nicht. Das ist ein wichtiger Unterschied.

Doch zurück zu den Erwartungen Ihrer Mitarbeiter …

Echt persönlich

In diesem bunten Strauß ist ein Großteil der Erwartungen also gar nicht an Sie persönlich gerichtet, sondern an die Firma. Wenn Sie die Differenzierung kennen und sich dissoziieren können, können Sie mit diesen bereits wesentlich bewusster und stressfreier umgehen.

Ein Teil der Erwartungen von Mitarbeitern an den Unternehmer bezieht sich allerdings tatsächlich auf Sie als Person. Eine ganz zentrale ist, von Ihnen wahrgenommen zu werden. Nicht als Personalnummer, nicht als Kostenstelle, sondern als Mensch. Diese Erwartung haben Mitarbeiter von mittelständischen Unternehmen vielleicht sogar deutlich mehr als zum Beispiel Konzernangestellte. Die kennen oft nicht einmal den Namen und das Gesicht des aktuellen Vorstandsvorsitzenden. Im Mittelstand und besonders in Familienunternehmen ist das anders: Der Mensch an der Spitze prägt die Firma und entsprechend größer ist die Erwartungshaltung, von diesem Menschen auch als Mensch wahrgenommen zu werden. Ein gewisses familiäres Miteinander gehört in der Regel für beide Seiten dazu, auch ohne dass die Firma zum Familienersatz wird.

Nun hat vielleicht nicht jeder mittelständische Unternehmer eine intrinsische Motivation, dieser Erwartung zu entsprechen. Manche betrachten die Mitarbeiter eher als notwendiges Übel und würden sie am liebsten durch Maschinen oder Roboter ersetzen. Trotzdem haben auch sie gemerkt, dass sie diese Erwartung nicht einfach ignorieren können.

Einfach nur nett ist auch OK

Oft streben diese Unternehmer deshalb immerhin ein nettes Miteinander an – nicht weniger, aber auch nicht mehr. Das geht dann nicht so weit, dass sie sich wirklich dafür interessieren, ob zum Beispiel der Vater einer ihrer Mitarbeiter kürzlich verstorben ist. Ich bin zutiefst überzeugt, dass Mitarbeiter den Unterschied spüren.

Ich kenne auch Unternehmer, die sich aus diesem Grund eine passende Organisationsstruktur aufgebaut haben: Sie scharen führende Mitarbeiter um sich, die sehr empathisch mit ihren Leuten umgehen. Das heißt, sie lenken die persönliche Erwartung an sich selbst auf andere Personen im Unternehmen um.

Verstehen Sie mich nicht falsch: Ich spreche damit keine Bewertung aus. Jeder Unternehmer muss und kann für sich entscheiden, wie er mit den Erwartungen seiner Mitarbeiter umgeht. Die Bandbreite dafür ist riesig. Sie reicht von „Der oder die kann froh sein, hier arbeiten zu dürfen“ bis hin zu „Ich will, dass mich alle Mitarbeiter lieben“. Das ist alles in Ordnung und Sie können Ihre Firma entsprechend gestalten – zumindest, wenn Sie sich Ihrer Haltung selbst bewusst sind. Es ist nicht zwangsläufig Ihr Job als Unternehmer, als Ansprechpartner für jeden Mitarbeiter und seine Erwartungen zur Verfügung zu stehen.

Warum fahren im Mittelstand trotzdem viele Unternehmer die Philosophie der offenen Tür?

Nähe und Distanz

Vielen ist diese Nahbarkeit sehr wichtig. Sie fühlen sich unwohl bei der Vorstellung, dass sie nicht mehr über die Sorgen und Nöte ihrer Mitarbeiter Bescheid wissen. Damit manövrieren sie sich selbst in ein Dilemma: Einerseits wollen sie nicht wegen jedem Kram angesprochen werden, doch andererseits fühlen sie sich auch ein Stück weit der familiären Atmosphäre verpflichtet.

Sie befinden sich auf einer kontinuierlichen Gratwanderung zwischen Nähe und Distanz.

Ich bin gar nicht sicher, ob Unternehmer die Entscheidung für diese Gratwanderung rational treffen oder ob da nicht auch Lust auf den Kontakt eine Rolle spielt. Einige sagen mir im Sparring ganz offen: „Ja, wenn ich mich gefühlsmäßig jetzt ganz rausziehen würde: Wäre das überhaupt noch mein Laden?“ Sie überlegen sich also nicht, was es ihnen bringt, nahbar zu bleiben, sondern es geht ihnen um das eigene Feeling. Auf diese Weise stoßen sie beim Reflektieren der Erwartungen ihrer Mitarbeiter immer wieder auch auf die Erwartungen, die sie an sich selbst als Unternehmer haben.

Ich kenne etliche, gerade ältere Unternehmer, die es sich nicht nehmen lassen, täglich oder wenigstens wöchentlich einmal durch die Produktion zu gehen, nach dem Rechten zu schauen und mit dem ein oder anderen Mitarbeiter zu plaudern – mit oder ohne Händeschütteln. Das machen die nicht mit dem Kalkül: „Das bringt mir 10 Prozent mehr Rendite.“ Sie tun es aus einer intrinsischen Motivation heraus. Es interessiert sie, wie es ihren Leuten geht. Sie wollen ihnen redlichen Dank und Wertschätzung für ihre Arbeit zollen und für das, was diese zum gemeinsamen Unternehmenserfolg beitragen.

Ein Unternehmer erzählte mir im Sparring, dass er inzwischen im Zweifel ist, ob seine Mitarbeiter wahrnehmen, dass sein Interesse wirklich von Herzen kommt. Er hätte schon mal die Rückmeldung bekommen: „Sie machen das nur, um uns bei Laune zu halten.“ Diese persönliche Wahrnehmung des Mitarbeiters verunsicherte ihn. Dass Sie es nie 100 Prozent der Mitarbeiter recht machen können, damit müssen Sie sich leider abfinden. Aber ich bin überzeugt, dass die allermeisten echtes menschliches Interesse schätzen. Wobei auch dieses menschliche Interesse wiederum eine Gratwanderung ist …

Kümmere dich?

Selbst für den zugewandtesten Unternehmer gibt es ein Maß an Erwartung von Mitarbeiterseite, die ihn überfordert. Wird der Appell des „Kümmere dich um mich“ zu extrem, hilft aus Selbstschutzgründen nur noch, sich abzugrenzen. Ein Unternehmer ist aus meiner Sicht nicht verantwortlich für das persönliche Glück des Mitarbeiters – so wie der Mitarbeiter umgekehrt auch nicht verantwortlich ist für das Glück des Unternehmers. Da steht jeder selbst in der Pflicht.

Meiner Beobachtung nach ziehen die meisten Unternehmer früher oder später diese Linie zwangsweise für sich, denn sie bemerken, dass sie solchen Erwartungen gar nicht gerecht werden können. Das überfordert jeden. Diese Grenzziehung ist gesund und wichtig. Je bewusster Sie mit den Erwartungen umgehen, desto weniger bleibt Ihnen ein „schlechtes Gewissen“ zurück.

Dieser bewusste Umgang mit Erwartungen hilft Ihnen schon bei der Vermeidung von übermäßigem Sand im Getriebe Ihrer Firma. Wenn Sie als Unternehmer klar haben, für was Ihr Unternehmen an den Start geht, können Sie auch definieren, welche Erwartungshaltung daraus gegenüber dem Mitarbeiter entsteht. Und wenn dessen Erwartungshaltung sich damit verträgt, passen er und das Unternehmen zusammen. Liegen sie ganz weit auseinander, sollten die beiden sich besser nicht aufeinander einlassen.

Ich nenne das *Fair Play* im Recruitment: Sie können keinem Mitarbeiter vorwerfen, dass er fälschlicherweise bei Ihnen angeheuert hat, wenn Sie beide die Katze im Sack gekauft haben. Und die Katze bleibt so lange im Sack, wie Sie Ihren Bewerbern nicht klar kommunizieren wollen oder können, warum und wozu es Ihren Laden gibt und welche Erwartungen deshalb an den Mitarbeiter bestehen.

Nur mit diesem Wissen kann der dann entscheiden: „Passt das zu dem, was ich kann und will? Macht mich das an?“ Eine gute Arbeitgebermarke macht eben nicht nur aus, dass sie viele Bewerbungen generiert. Mindestens genauso wichtig ist, dass das, wofür Sie mit dieser Marke stehen, auch in Ihrem „Produkt Arbeitsplatzangebot“ wirklich wahr wird. Das ist dann echt und keine Mogelpackung.

In der Realität erleben viele neue Mitarbeiter die Erwartungen erst in der Probezeit. Sicher: Dafür ist diese Frist auch da. Doch Sie sparen sich und dem Kandidaten sowie auch Ihrer Belegschaft und womöglich einigen Kunden Zeit und Nerven und damit Sand im Getriebe, wenn Sie vieles davon schon im Recruitment-Prozess thematisieren. Die Voraussetzung ist natürlich, dass Sie selbst klar haben und benennen können, wie die Erwartungen Ihres Unternehmens aussehen. Was ich so beobachte, ist, dass die wenigsten Mittelständler sich darüber – über die Tätigkeitsbeschreibung hinaus – Gedanken gemacht haben. Schade eigentlich. So bleibt in der Mitarbeitergewinnung vieles im Nebel. So wie im Umgang mit den Mitarbeitererwartungen überhaupt.

Diffus, diffus

Mittelständische Unternehmer sind praktisch tagtäglich mit den Erwartungen ihrer Mitarbeiter konfrontiert. Schließlich funktioniert die Firma nicht ohne deren Mithilfe, es besteht eine gegenseitige Abhängigkeit.

Drei Umstände machen den Umgang mit diesen Erwartungen für den Unternehmer problematisch. Alle drei haben etwas mit diffusen Vorstellungen zu tun.

Erstens sind die Erwartungen der Mitarbeiter selbst nicht alle bis zum Ende durchdacht. Einige Ansprüche an das Unternehmen, wie zum Beispiel der wirtschaftliche Erfolg und damit die Sicherung der Arbeitsplätze, erfordern immer wieder die proaktive Anpassung an den Markt. Die Veränderungen, die damit einhergehen, finden Mitarbeiter dagegen oft nicht so sexy.

Zweitens fällt vielen Unternehmern die Dissoziation von ihrem Betrieb schwer: Sie nehmen deshalb sehr viel, was Mitarbeiter als Erwartung an das Unternehmen adressieren, als Erwartungshaltung an sich als Person wahr. Entsprechend persönlich kommt es bei Ihnen an. Das löst Gefühle aus, die den Umgang erschweren.

Und drittens stoßen Unternehmer über die Erwartungen der Mitarbeiter immer wieder auch unbewusst auf ihre eigenen Erwartungen an sich. Sind die in sich widersprüchlich, ist der Konflikt vorprogrammiert.

Aus dieser diffusen Gemengelage bauen Unternehmer weiter an ihrem Käfig, in dem sie sich einsperren und mit dem sie hadern. Es ist nicht ungewöhnlich, dass sie die „Schuld“ für diesen Zustand denjenigen geben, die die Erwartungen an sie herantragen. Daraus kann ein tiefer Groll gegenüber den Mitarbeitern entstehen. Die eigene Firma, die sie mit so viel Freude und Engagement gegründet oder übernommen haben, wird ihnen zuwider.

Der Groll kann sich auch gegen die Kunden richten. Auch die haben Erwartungen. Mit diesen schlagen sie in teils ähnliche, teils andere Kerben wie die Mitarbeiter. Welche Kerben das sind, das will ich mit Ihnen im nächsten Kapitel ansehen …

3 SEHR GE-EHRTER HERR …

Als Unternehmer wissen Sie, dass Ihnen die Erwartungen Ihrer Kunden nicht egal sein dürfen. Wenn Ihr Angebot diesen nicht gerecht wird, finden Sie keine Käufer. Dann war es das mit Ihrer Firma. Es entspricht also Ihrem unternehmerischen Grundinteresse, dass Sie sich intensiv mit den Erwartungen Ihrer Kunden auseinandersetzen.

Und ich sage: Je bewusster Sie diese Auseinandersetzung hinkriegen, umso besser – nicht nur um des Erfolgs Ihrer Firma willen.

Denn bei den Kundenerwartungen ist das so wie bei den Erwartungen der Mitarbeiter: Die meisten, die Sie als Unternehmer zu hören bekommen oder zu spüren glauben, sind nicht an Sie als Person gerichtet. Selbst wenn die Kunden explizit Ihren Namen erwähnen, meinen sie sehr oft Ihren Betrieb und nicht Sie.

Können Sie sich von Ihrer Firma dissoziieren, gehen Sie zu vielen der Erwartungen auf gesunde Distanz und können so rationaler damit umgehen. Sie haben ja im letzten Kapitel schon gelesen, warum das so ist. Sind Sie jedoch mit Ihrer Firma assoziiert, gelingt Ihnen die Unterscheidung nicht. Alle Erwartungen prasseln ungefiltert auf Sie persönlich ein und treffen Sie auch emotional auf der Beziehungsebene.

Als Inhaber eines kleineren Dienstleistungs-Unternehmens haben Sie zum Beispiel aus mehreren Gründen ein höheres Risiko als andere, dass Sie sich von den Kundenerwartungen in einen Käfig drängen lassen.

Gibt es den noch?

Der erste Grund ist, dass Unternehmer mit einer wachsenden Zahl von Mitarbeitern in der Regel selbst immer weniger im tagtäglichen Kundenkontakt stehen. Gerade wenn sie sich von der Fachkraft-Rolle verabschiedet haben, ruft der Kunde nicht mehr direkt bei Ihnen an. Die Verkaufsgespräche führen die Vertriebsmitarbeiter, für die Umsetzung arbeiten wieder andere Mitarbeiter in der Produktion, der Logistik etc. mit dem Kunden zusammen. Sie als Unternehmer begegnen vielen Ihrer Kunden gar nicht mehr persönlich: Mit dieser menschlichen Distanz fällt Ihnen die Dissoziation oft leichter.

Umgekehrt – und das ist der zweite Grund – nehmen die Kunden Sie als Person ebenfalls nicht mehr so wahr: Sie wissen zwar, dass die Firma vielleicht „Alfons Mayer GmbH“ oder „Gebrüder Schmittmann KG“ heißt. Wenn sie diesem Alfons Mayer aber nie begegnet sind und auch von diesen Schmittmann-Brüdern noch nie gehört haben, machen sie sich über diese als Menschen höchst selten Gedanken. Sie verbinden mit der Firma viel eher den Montageleiter Herrn Müller, der sich so kompetent und freundlich um ihr Anliegen gekümmert hat.

Anders ist das, wenn Sie Ihre Person zum Beispiel über Ihre Unternehmenskommunikation für den Kunden präsent halten. Denn je mehr Ihr Laden wächst, umso weiter können Sie in den Hintergrund treten – wenn Sie das wollen. Hier eröffnet sich für Sie ein ganz neuer, anderer Gestaltungsspielraum: Wie sehr möchten Sie als Gesicht der Firma sichtbar bleiben und sich über Ihren Auftritt bewusst positionieren? In kleineren Unternehmen kommen Sie als Person nicht so leicht aus dem Rampenlicht der Kunden. Ganz besonders nicht, wenn das, was Sie verkaufen, kein Produkt im klassischen Sinne ist. Denn bei Produkten steht der Unternehmer von Hause aus für den Kunden weniger im Mittelpunkt als es bei Dienstleistungen oder in der Beratung der Fall ist: Das macht einen Riesenunterschied.

Ich denke, der Grund dafür ist, dass eine Dienstleistung oder Beratung direkt von Menschen erbracht wird. In meiner Firma machen wir ja beides und da kommt es immer noch vor, dass einige Neukunden fragen: „OK, Kaapke ist der Familienname des Gründers, nicht wahr? Gibt es den eigentlich noch? Und was macht der so?“ Ich bin mir ziemlich sicher, dass wenn meine Firma Rasenmäher herstellen würde, solche Fragen seltener kämen.

Allerdings stelle ich auch fest, dass das Interesse an der Person des Unternehmers in den letzten Jahren gewachsen ist. Mehr Leute wollen wissen, was für ein Mensch dahinter steht ...

Spot an

Dieses Informationsbedürfnis hat auch einen Medientrend in Gang gesetzt. Seither sorgen Fernseh-Formate wie „Höhle der Löwen" oder „Deutsche Dynastien" dafür, dass sich ein breites Publikum für die Unternehmergeschichten findet. Es ist heute nicht mehr außergewöhnlich, dass Sie als Unternehmer ins Licht der Öffentlichkeit rücken. Selbst wenn Sie gedanklich dissoziiert sind, sich selbst lieber im Hintergrund halten und die Firma vielleicht nicht einmal Ihren Namen trägt, klopfen Journalisten bei Ihnen an.

Ich kenne viele Unternehmer, die sich bei solchen Anfragen sehr unwohl fühlen. Oft können sie für sich nicht einschätzen, mit welchen Erwartungen sie bei solchen Auftritten konfrontiert werden. Dabei spiegelt das Medieninteresse zunächst nur die Erwartungen der Beteiligten: Die Zeitung, der Sender oder die Plattform erhoffen sich, mit Ihrer Story bei Lesern,

Zuschauern oder Nutzern auf Interesse und damit Konsumbereitschaft zu stoßen. Inwieweit Sie als Unternehmer diese Erwartung bedienen, hängt davon ob, was Sie selbst wollen.

Vielen Mittelständlern graut es vor dieser Art der Außendarstellung und sie lassen lieber komplett die Finger davon. Oder sie führen zum Beispiel als eine Art Schutzschirm das Amt des Pressesprechers ein. Andere dagegen genießen das Interesse an ihrer Person und geben entsprechend Gas. Auch das ist vollkommen in Ordnung.

Und zwischen diesen Extremen gibt es jede Menge Abstufungen.

Wohldosiert

Ob Sie sich zum Beispiel bei einer wichtigen Messe beim Abendevent sehen lassen und dort ein bisschen schnacken gehen oder ob Sie die „Grüßaugust-Nummer“ hassen und dort lieber einen Vortrag halten, bleibt Ihre Gestaltungsfreiheit. Zumindest solange Sie die Erwartungen der Öffentlichkeit dissoziiert betrachten können: Nicht die Öffentlichkeit bestimmt, wie viel und was Sie von sich zeigen, sondern Sie.

Sie können Einfluss nehmen darauf, welche Erwartungen an das Unternehmen und welche an Sie persönlich gerichtet werden.

Wie stark eine Unternehmerpersönlichkeit auch die öffentliche Aufmerksamkeit lenken kann, können Sie am Beispiel Steve Jobs sehen. Solange er bei Apple war und mit seinen Vorstellungen die Produkte und deren Präsentation prägte, fokussierten sich die Erwartungen auf seine genialen Einfälle rund um Technik und Design. Seit seinem Tod blicken die Kunden auf einmal auch auf Dinge, die ihnen vorher nicht so wichtig waren: Dass das Arbeiten im Hause Apple zum Beispiel kein Zuckerschlecken ist oder dass die Firma nicht in den USA produziert. Das war alles unter Steve Jobs auch schon so, nur hat die Aufmerksamkeit um seine Person von solchen Erwartungen abgelenkt.

Sehr wichtig in diesem Zusammenhang: Ich beobachte, dass viele Unternehmer die Erwartungen der Öffentlichkeit mit den Erwartungen ihrer Kunden für deckungsgleich halten. Doch zwischen den beiden besteht ein himmelweiter Unterschied.

Null Interesse?

Sie stehen mit Ihrem Unternehmen bei Ihren Kunden sehr viel stärker in der Wahrnehmung als in der breiten Öffentlichkeit. Schließlich hat der Kunde mit Ihnen eine geschäftliche Beziehung. Damit ist ihm Ihr Unternehmen nicht nur präsenter, er hat auch eine andere Erwartungshaltung. Es geht ihm nicht – wie dem Fernsehpublikum – um eine nette Geschichte zur Erbauung am Feierabend oder um ein Thema für den Plausch mit Kollegen am Kaffeeautomat. Es geht ihm um tiefergehende Interessen: nämlich seinen Geschäftserfolg oder seinen persönlichen Nutzen, den er mit Ihrer beziehungsweise der Hilfe Ihrer Firma und deren Produkten erreichen möchte.

Denn für so ziemlich alle Nicht-Kunden ist Ihr Haus abseits des Medienberichts von null Interesse: Eine Minute nach der Lektüre des Artikels oder nach Ausstrahlung des Beitrags haben sie den Firmennamen meist erst mal wieder vergessen. Daraus entstehen also auch praktisch keine Erwartungen an Sie als Person, weder direkt noch indirekt.

Ein bisschen länger dauert das öffentliche Interesse nur dann an, wenn es um einen negativen Aufreger ging – ein Szenario, das Unternehmer fürchten, weil sie um ihre Kundenbeziehungen bangen.

Viele gehen den Medien deshalb grundsätzlich und kategorisch aus dem Weg. Sie bedenken dabei aber eines nicht ...

Und ich?

Kunden gehen mit Informationen aus den Medien anders um als Nicht-Kunden, selbst wenn es sich um Negativschlagzeilen handelt. Sie fällen nicht primär ein allgemeines, moralisch-entrüstetes Urteil, sondern fragen sich als Allererstes: Wie vorteilhaft oder nachteilig ist das, was vorgefallen ist, für mich als Kunde?

Stellen Sie sich zum Beispiel vor, Sie lesen in der Zeitung einen Bericht, dass der Inhaber der Steuerkanzlei Meier in einer Auktion einen sündhaft teuren Luxusschlitten erstanden hat. Sind Sie kein Kunde, schütteln Sie vielleicht missbilligend den Kopf, wie einer so sinnlos sein Geld verprassen kann. Sie denken jedoch nicht weiter darüber nach, auch nicht über die Person des Unternehmers, und blättern weiter.

Sind Sie dagegen Mandant dieser Kanzlei, denken Sie vielleicht eher: ‚OK, offensichtlich läuft sein Laden.

Solange seine Mitarbeiter einen guten Job für uns machen, sei es ihm gegönnt.‘

Ein anderes Szenario: Sie lesen in der Zeitung, dass die Mitarbeiter dieser Steuerkanzlei von ihrem Boss mies behandelt werden. Als Nicht-Kunde denken Sie vielleicht: ‚Noch so einer‘, sind aber eigentlich schon dabei, den nächsten Artikel zu überfliegen.

Als Mandant aber haben Sie viel mit den Mitarbeitern dort zu tun. Also überlegen Sie sofort: ‚Mensch, wenn der Chef die immer so piesackt – machen die meine Abschlüsse trotzdem ordentlich? Und will ich solche fiesen Praktiken unterstützen?’

Und noch eine Befürchtung treibt Sie um: Wenn bekannt wird, dass Sie mit dieser Kanzlei in Verbindung stehen, schließen die Öffentlichkeit und vor allem Ihre eigenen Kunden daraus, dass Sie so ein Chef-Gebaren billigend in Kauf nehmen oder womöglich sogar unterstützen?

Darüber hinaus kennen Sie den Inhaber persönlich. Sie wissen, dass der nicht Meier, sondern Müller heißt. Sein „Schutzschild“ in der Öffentlichkeit, dass die Firma anders heißt als er, zieht bei Ihnen nicht – Sie haben sofort ein Gesicht vor Augen und starren es innerlich misstrauisch an.

Denn natürlich sind Sie in Ihrer Erwartungshaltung an den Unternehmer Müller enttäuscht: Offensichtlich gestaltet und führt er seinen Laden nicht so, dass Sie sich als Kunde darauf verlassen können.

Dieser letzte Punkt geht voll auf die Kappe des Unternehmers. Denn das oberste Interesse des Kunden ist immer, dass er durch den Kauf des Produktes einen Nutzen erfährt, mit dem er sein Bedürfnis befriedigt – emotional oder rational. Das Unternehmen und auch der Unternehmer sind ihm dabei nur „Mittel zum Zweck". Das Unternehmen soll den bestmöglichen Nutzen liefern und der Unternehmer seine Firma so gestalten, dass das geht. Der Kunde erwartet nicht, dass Sie als Unternehmer alles selbst machen, aber er erwartet, dass Sie dafür sorgen, dass Ihr Laden läuft. Es geht um sein Vertrauen in die Leistung Ihres Hauses. Und wie schaffen Sie dieses Vertrauen?

Markenputz

Ich beschäftige mich seit über zwanzig Jahren hauptberuflich mit dem Thema Markenentwicklung im Mittelstand. In diesem Zusammenhang habe ich eine spannende Beobachtung gemacht: Bis vor wenigen Jahren haben sich Mittelständler mit der Vorstellung, aus ihrer Firma eine Marke zu machen, eher schwergetan. Sie glaubten, dass das den Erwartungen ihrer Kunden nach Understatement zuwiderläuft. Entsprechend dachten sie: „Wenn wir hier einen auf Marke machen, finden die das doof." Allerdings hat sich in dieser Einschätzung einiges gewandelt.

Viele Unternehmer haben gemerkt, dass eine Markenpositionierung nichts mit Auf-den-Putz-Hauen zu tun haben muss, sondern zu allererst Klarheit schafft – eine Klarheit, die Kunden sich sogar von der Firma wünschen. Für was steht dieses Unternehmen? Was kann und darf ich von ihm erwarten? Was unterscheidet es von anderen?

Denn keiner hat Lust, in seinen Erwartungen enttäuscht zu werden – Kunden schon gar nicht. Deshalb ist es immer gut, klar zu kommunizieren, welche Erwartung Sie für Ihre Kunden erfüllen wollen. Nichts anderes tut eine Marke.

Eine Erwartung aber haben Kunden ausgesprochen oder unausgesprochen immer, sowohl an das Unternehmen als auch an Sie persönlich.

Grundsatzerwartungen

Kunden wollen das Gefühl haben, dass sie sich mit dem in Übereinstimmung bringen können, wofür Sie stehen beziehungsweise Ihr Unternehmen steht. Denn Menschen können sich nicht mit Produkten, sondern nur mit gelebten Werten identifizieren. Deshalb ist es so wichtig, dass Sie sich Ihrer Unternehmens- und Markenwerte bewusst werden, diese wahrnehmbar kommunizieren und sich entsprechend daran orientiert verhalten. Dann können Ihnen Ihre Kunden erst Wert-Schätzung entgegenbringen.

Diese Wertschätzung ist jedoch keine Einbahnstraße: Kunden erwarten umgekehrt, dass Unternehmen und Unternehmer sie ebenfalls diese Wertschätzung spüren lassen. Ich habe das selbst in der Rolle des Kunden erlebt: Ich war auf die Veranstaltung einer Firma eingeladen. Der Unternehmer begrüßte jeden einzelnen Gast. Die Gründungskunden hob er besonders hervor, aber auch alle übrigen wurden jeweils mit zwei oder drei persönlichen Sätzen „inthronisiert“. Das war toll! Alle Anwesenden haben live erlebt, was dem Unternehmen wichtig ist.

Aus dieser Wertschätzung heraus ergibt sich eine weitere generelle Kundenerwartung: Ich will als Kunde spüren, dass das Unternehmen die Grundmotivation hat, sich für mich zu engagieren. Schließlich will ich niemanden zum Jagen tragen müssen. Da muss schon von Firmenseite etwas kommen – allein das Wissen, dass die was können, befriedigt mich nicht.

Zu solchen Grunderwartungen ist in den letzten Jahren ein großer Bereich hinzugestoßen.

Aufsteigender Ast

Ganz klar gewachsen sind die Kundenerwartungen in Sachen unternehmerische Verantwortung, wenn wir über Nachhaltigkeit sprechen. Eines von vielen Beispielen im Kontext Nachhaltigkeit ist der Umweltschutz. Immer mehr Kunden legen Wert darauf, dass das Unternehmen, von dem sie kaufen, möglichst ökologisch verträglich agiert und zwar von A bis Z: von der CO_2-Bilanz über eine Bienenwiese auf dem Firmengelände bis zum Bio-Fleisch in der Kantine.

Das verführt manche Firma dazu, ohne großes Nachdenken schnell mal auf so einen Erwartungszug aufzuspringen. Dann wird – natürlich begleitet von einer Pressemeldung – ein Insektenhotel vor dem Hauptgebäude aufgestellt oder ein Veggie-Menue eingeführt.

Steht der Unternehmer aber nicht voller Überzeugung hinter solchen Maßnahmen, entpuppt sich das als das, was ich gerne Botox-Strategie nenne: Das hat mit Authentizität nichts zu tun. Der Schuss geht nach hinten los, sobald der Kunde irritiert feststellt, dass Verhalten und Kommunikation der Firma auseinanderklaffen. Dann sind Sie mit Ihrem Unternehmen in die Erwartungsfalle getappt.

Ähnliches gilt für das Thema Umgang mit Mitarbeitern: Auch hier ist die Aufmerksamkeit sowohl öffentlich als auch im Bewusstsein der Kunden gewachsen. Wie stark, können Sie auch daran ablesen, dass es inzwischen Aktienfonds wie „happy@work" oder „proud@work" gibt. Diese werben damit, dass sie ausschließlich Anteile von Unternehmen kaufen, deren Mitarbeiter überdurchschnittlich glücklich bei der Arbeit oder stolz auf ihre Arbeitgeber sind. So etwas hat es vor zehn Jahren noch nicht gegeben. – Coole Idee!

Sie sehen: Alles, was sich in dieser Blubberblase Nachhaltigkeit bewegt, gehört inzwischen immer mehr zur Erwartungshaltung an Unternehmen. Dieses Interesse ist auch ein Stück weit eine Generationenfrage: Die Jugendlichen von heute wachsen mit derlei Erwartungen auf – das heißt, der Anteil der Kunden, die ihre Kaufentscheidung auch auf Nachhaltigkeitskriterien ausrichten, wird aller Wahrscheinlichkeit nach weiter wachsen.

Auch ist speziell durch die Verbreitung in den Sozialen Medien die Transparenz für einen unachtsamen Umgang in diesem Bereich größer geworden. Dadurch sind die Erwartungshaltung offensiver und der Druck größer geworden.

Gleichzeitig sind die Kunden auch häufiger bereit, mehr Geld für Produkte oder Dienstleistungen zu bezahlen, wenn die ihre Erwartungen in Sachen Nachhaltigkeit erfüllen: Bio-Lebensmittel, Fair-Trade-Kleidung, Produkte aus ressourcenschonender Herstellung boomen.

Auch wenn die Erwartungen sich in erster Linie an die Firma richten: Im Zuge des allgemein steigenden Interesses an der Person hinter der Firma wird dem Unternehmer mehr persönliche Verantwortung zugeschrieben als früher. Wenn ich zum Beispiel einen Kühlschrank von Liebherr kaufe, will ich Herrn Liebherr natürlich nicht persönlich verpflichten, mir den zu verkaufen. Aber ich googele schon mal: Wer ist dieser Herr Liebherr eigentlich? Und für was steht er? Was macht der noch so, außer Kühlschränke?

In diesem Sinne ist es nicht nur für den Markterfolg wichtig, dass Sie sich als Unternehmer mit Nachhaltigkeitsfragen auseinandersetzen und Ideen bzw. Lösungen dafür finden. Auch er selbst muss seine Position dazu finden – genauso wie zu weiteren gesellschaftlichen Ansprüchen an ihn.

Neid und Missgunst

Je mehr der Unternehmer als Person von der Öffentlichkeit wahrgenommen wird, desto mehr richten sich die Erwartungen auch der Kunden an den Menschen hinter dem Betrieb. Bei Mittelständlern geht es dabei sehr häufig um die regionale Verantwortung: Der erfolgreiche Unternehmer soll nicht nur in seine eigene Tasche wirtschaften, sondern auch etwas an die Region „zurückgeben“ und sich vor Ort sozial und finanziell engagieren. So soll er angemessen, aber nicht zu großspurig auftreten – wobei ich in diesem Punkt oft eine übertriebene Vorsicht bei mittelständischen Unternehmern beobachte.

Es heißt zwar oft, Deutschland sei durchzogen von Neid und Missgunst. Ja, das gibt es, aber es ist nicht der Standard.

Mein Eindruck ist, dass die meisten Kunden und auch Geschäftspartner dem Unternehmer den Erfolg sehr wohl gönnen. Sie finden es vollkommen in Ordnung, wenn Sie es sich und Ihrer Familie gut gehen lassen. Auch wenn es Grenzen gibt.

Ich weiß nicht, wie es in Ihrem Kundenkreis aussieht, aber bei uns auf dem norddeutschen Land wird von einem mittelständischen Unternehmer schon noch eine gewisse Bodenständigkeit erwartet. Wenn einer den Erfolg zu sehr raushängen lässt, kommt das nicht gut an. Da heißt es schnell: „Oh, jetzt fängt er an zu spinnen." Deshalb ist die Dienstwagenfrage eine ziemlich heikle: Wie dick darf das Auto vom Chef sein?

Viele Unternehmer fühlen sich bei der Wahl ihres Fahrzeugs auf einer Gratwanderung: „Wie weit darf ich gehen? Was traue ich mich?" Ich weiß von manchen, die sich zwar ein sehr gutes Modell gönnen, aber ganz bewusst die Typenbezeichnung weglassen. Unternehmerisches Selbstbewusstsein sieht irgendwie anders aus, oder?

Insgesamt kommen auf diese Weise eine ganze Menge Kundenerwartungen zusammen. Davon, dass sie teilweise widersprüchlich oder nicht in ihrer Konsequenz durchdacht sind, gar nicht zu reden: Da unterscheiden sich Kunden nicht von Mitarbeitern. Das heißt, selbst wenn Sie hervorragend dissoziieren können, ist es kaum möglich, alle rational zu bewerten und unter einen Hut zu bekommen. Durch Ihre Gestaltung aber können Sie sich diese Arbeit ein erhebliches Stück erleichtern. Schade, dass viele Unternehmer diese Chance nicht nutzen.

Schreiten Sie zur Wahl

So wie jede Firma bedient wahrscheinlich auch Ihr Unternehmen Kunden, die gar nicht zu Ihrem wahren Unternehmenszweck passen. Manche sind zufällig an Sie geraten, manche wollen Sie unbedingt haben, manche haben Sie, weil Sie halt das können, was die brauchen. An und mit diesen Kunden haben Sie in der Regel keine große Freude.

Warum sollten Sie deren Erwartungen den gleichen Stellenwert einräumen wie denen jener Kunden, die perfekt zu Ihrem Unternehmenszweck und -werten passen? Keine Firma kann *alle* Kundenwünsche berücksichtigen und immer noch erfolgreich wirtschaften. Schließlich heißt es nicht umsonst: „Everybody's darling is everybody's depp."

Es ist Ihre unternehmerische Verantwortung, die Erwartungsspreu vom -weizen zu trennen: Woran erkennen Sie einen passenden Kunden? Woran erkennen Sie, dass jemand nicht zu dem passt, was Ihr Unternehmen bietet? Sie dürfen oder – besser gesagt – müssen zu Ihrem eigenen Wohl und dem Ihrer Firma Ihren Kundenkreis gestalten und sich bewusst auf dessen Erwartungen konzentrieren. Je klarer Sie Ihren Unternehmenszweck kennen, desto leichter geht das. Klar, oder?

Das ist übrigens bei den Erwartungen Ihrer Mitarbeiter nicht anders: Auch da ist es Ihre unternehmerische Freiheit festzulegen, welche für Sie relevanter sind als andere. Wen wollen Sie halten? Wo passt es eh nicht besonders gut?

Solange Sie sich der Unterschiede nicht bewusst sind, formen sich aus den gesammelten Erwartungsmengen die immer enger werdenden Gitterstäbe Ihres Käfigs. Und womöglich kommt bei Ihnen aktuell noch einer mit seinen Erwartungen obendrauf. Diesen „Spezialkunden“ haben die wenigsten Unternehmer auf dem Schirm, obwohl er die meisten von ihnen zumindest ab einer gewissen Lebensphase intensiv beschäftigt. Es geht um den Nachfolger.

Der Endkunde

Ihr Nachfolger ist der Kunde, dem Sie Ihr Produkt „Firma“ verkaufen. Dazu gehört, dass nicht nur das Produkt selbst tadellos ist. Denn er tritt ja nicht nur die Nachfolge Ihres Unternehmens an, sondern auch Ihrer Rolle als Unternehmer. In diesem Sinne hat er viele Erwartungen an Sie persönlich. Zum Beispiel will er von Ihnen, dass Sie ihm einen möglichst reibungslosen Übergang ermöglichen, indem Sie ihn einarbeiten – und auch in den Kontext der Firma mit all seinen persönlichen Kontakten einführen.

Gerade bei traditionelleren Firmen bewegt viele Beteiligte die Sorge, was der Wechsel an der Spitze für sie bedeutet. Das ist sehr verständlich, denn es ändert sich durchaus viel, wenn da ein anderer Kopf erscheint.

In dieser Hinsicht ist eine familieninterne Übernahme vielleicht ein bisschen einfacher, weil eine gewisse Kontinuität die Unsicherheit der Kunden, Mitarbeiter und Geschäftspartner dämpft. Dafür tun sich in dieser Konstellation potenziell andere Erwartungskonflikte durch die Doppelrolle von Unternehmer und Papa oder Mama auf. Vielleicht haben Sie sich gerade eben erst aus der Doppel- oder Mehrfachrolle von Fachkraft und Manager befreit und sind endlich voll in der Unternehmer-Rolle angekommen.

Und schon wieder poppt eine konkurrierende Rolle im Kontext der Firma bei Ihnen auf.

An diesem Punkt dringe ich mit Ihnen bei unserem gemeinsamen Tauchgang in eine noch tiefere Schicht der Erwartungen vor: die Ihres privaten Umfelds. Ich kann Ihnen versprechen: Hier wird es besonders spannend, denn wir verlassen damit den Kontext Unternehmen und dringen in eine andere Welt vor. Oder auch nicht.

4 LIEBER PAPI …

Das sind bereits eine ganze Menge an Erwartungen, die zusammenkommen, wenn Sie Ihre eigenen und die Ihrer Mitarbeiter und Kunden an Sie und an Ihr Unternehmen betrachten. Da geht die Auflistung der Erwartungen, die Ihr privates Umfeld, also Familie und Freunde, in diesem Punkt an Sie als Unternehmer haben, wesentlich schneller. Deren Erwartungen können Sie nämlich in einem einzigen Satz zusammenfassen: Sie haben keine.

Der Grund dafür ist einfach. Die Menschen in Ihrem privaten Umfeld nehmen Sie nicht als Unternehmer wahr. Für sie sind Sie Papi oder Mami, Ehepartner, Sohn oder Tochter, Onkel oder Tante, Freund oder Freundin. Alle wissen zwar, dass Sie auch Unternehmer sind, aber ihre Erwartungen an Sie haben damit rein gar nichts zu tun.

Nur heißt das nicht, dass diese „parallelen“ Erwartungen einfach so nebeneinander herlaufen …

Mein Baby

„Papi, ich habe heute nur bis ein Uhr Schule. Warum holst du mich nicht ab und wir gehen zusammen ins Schwimmbad? Und morgen auch!“ Mir als Vater geht bei so einer Frage das Herz auf. Und doch muss ich meinen Kindern oft erklären, dass ich diese Idee zwar toll finde, die Umsetzung aber leider nicht klappt. Obwohl der Grund für die Absage mit dem Papi nichts zu tun hat.

So oder so ähnlich sieht das Spannungsfeld aus, in dem Sie als Unternehmer ständig stehen: Sie sind zu Hause Elternteil und in der Firma Unternehmer. Aber sind Sie das wirklich? Oder sind Sie zu Hause auch der Unternehmer, der Sie im beruflichen Kontext sind? Wechseln Sie die Rollen oder bleiben Sie gedanklich immer bei der einen – der des Unternehmers?

Ich kenne genügend Unternehmer, die ihre Firma als ihr Baby bezeichnen.

Das ist bei einigen wahrscheinlich nur ein Spruch, bei vielen aber steckt ein gewisser Ernst dahinter: Sie vermischen ihren beruflichen mit dem privaten Kontext. Das heißt, sie haben nicht nur die vier Kinder, die sie vielleicht zu Hause haben, sondern eigentlich fünf. So ein Unternehmer fühlt sich in der Firma auch wie ein Papi und verhält sich so. Umgekehrt erleben die Kinder zu Hause statt eines Vaters den Unternehmer.

Kinder kommen mit dieser Vermischung meiner Beobachtung nach oft ganz gut klar. Sie haben es nie anders erlebt, sie nehmen die Situation hin, wie sie ist. Ehepartnern dagegen fällt das schwerer. Sie haben häufig dezidiertere Erwartungen, die den Unternehmer im privaten Umfeld fordern: Die Familie soll Prio 1 haben, die Firma nur die Prio 2.

Von dieser Erwartung fühlen sich Unternehmer allerdings oft überfordert …

Spielpräferenz

Bitte verstehen Sie mich nicht falsch: Die ganz große Mehrheit der Unternehmer, die ich kenne, liebt ihre Familie heiß und innig.

Sie alle verbringen auch gerne Zeit mit dem Partner und den Kindern. Doch nicht selten sind sie vom Typ her so gestrickt, dass sie das, was sie richtig gut können und wollen, im Kontext Firma ungleich besser ausleben können. Auch gibt ihnen die Resonanz ihres Schaffens im unternehmerischen Kontext sehr viel mehr als die im privaten.

Stellen Sie sich Ihr Unternehmen und Ihre Familie jeweils als Spielfelder vor: Das „Spiel", das auf dem beruflich-unternehmerischen Feld gespielt wird, unterscheidet sich erheblich von dem, das auf dem Feld Familie „betrieben" wird. Das eine ist nicht schlechter oder besser als das andere, aber je nach Spiel bringen Sie nicht nur andere Fähigkeiten zum Einsatz, es sind auch unterschiedliche Motivationen gefragt, Sie haben jeweils andere Möglichkeiten. Und je nach Begabung und Interessen haben Sie auf das eine Spiel mehr Bock als auf das andere – es macht Ihnen einfach so viel mehr Spaß. Selbst wenn Sie das andere Spielfeld auf keinen Fall missen wollen.

Zwei Phänomene können Sie deshalb häufig beobachten. Erstens begegnen Sie vielen Unternehmern, deren Motto ist: Firma first. Da muss die Frau auch mal damit klarkommen, dass er ihren Geburtstag vergisst. Oder er die Firmenfeier der Familienfeier vorzieht.

Wenn jeder die Erwartungen mit sich und dem anderen in der Hinsicht geklärt hat und es für beide passt, ist ja auch alles gut. Nur ist das oft nicht der Fall. Wenn der Ehepartner sich zum Beispiel den langen gemeinsamen Urlaub wünscht, führt der andere alle möglichen Gründe an, warum das nicht geht. Oder zumindest nicht so lange geht. Oder nicht so oft. Der wahre Grund, dass er oder sie nämlich eigentlich keine Lust hat darauf, bleibt dagegen unausgesprochen.Das ist übrigens ein roter Faden, der sich durch die ganze Erwartungskiste zieht.

Vermutlich unerfüllt

Nur ganz selten sprechen die Beteiligten offen miteinander über ihre Erwartungen. Das gilt im Verhältnis Mitarbeiter und Unternehmer genauso wie im Verhältnis Kunde und Unternehmen – und noch viel mehr in der Familie und im Freundeskreis. Manche scheuen sich vor solchen Gesprächen, weil sie Angst haben, dass ihre Erwartungen wie Forderungen klingen. Häufiger noch und gerade im privaten Umfeld ist es so, dass jeder voraussetzt, dass den anderen schon klar ist, was er von ihnen erwartet: ‚Die kennen mich doch, die müssen doch wissen, was ich möchte.'

Dass sie selbst oft nicht klar benennen können, was sie denn erwarten, ist ihnen dabei gar nicht bewusst.

Wenn also keiner seine Erwartungen äußert, bleiben alle auf Vermutungen angewiesen. Und selbst wenn ein vorsichtiges Gespräch zustande kommt, ob jeder unter den verwendeten Begriffen dasselbe versteht oder ob die beiden auf höchstem Niveau aneinander vorbeireden. Der Interpretationsspielraum ist riesig, die Wahrscheinlichkeit von Missverständnissen ebenfalls.

Sind die Erwartungen nicht geklärt, ist das gegenseitige Verständnis erschwert. Wenn Ihre Frau weiß, wie wichtig Ihnen Ihre eigene Erwartung an sich als Unternehmer ist und dass in der Firma gerade die Hütte brennt, wird sie es Ihnen wahrscheinlich nachsehen, dass Sie nicht mit zum Geburtstagsfest Ihrer Nichte gehen. Ist ihr das nicht klar, sind Sie für sie ein Workaholic und Egoist.

Ein Konflikt ist oftmals das Ergebnis einer enttäuschten Erwartung. Je weniger bewusst alle Seiten mit ihren Erwartungen umgehen, desto wahrscheinlicher entstehen Kollateralschäden – also Schäden, die Sie unabsichtlich verursachen. Im Falle von Ehen heißt dies nicht selten Scheidung.

Und dann ist da noch das zweite Phänomen, das Ihnen häufig begegnet, wenn dem Unternehmer das berufliche Spiel sehr viel mehr liegt als das familiäre …

Konkurrenzunternehmen

Sicher kennen Sie den Spruch: „Ich bin der Chef in der Firma und meine Frau ist die Regierung zu Hause." Die beiden Kontexte werden also zu zwei Systemen erklärt. Das ist so lange problemlos, wie alle Beteiligten das eine System als Ergänzung zum anderen System sehen – statt als Konkurrenz. Stehen die beiden dagegen im gefühlten Wettbewerb, steht auch dann am Ende nicht selten eine Scheidung – und der Unternehmer heiratet seine Chefsekretärin, weil er mit dieser wenigstens das gleiche Gesprächsthema und keinen Konkurrenzkonflikt hat.

Dabei können die Lebensgefährten und deren Erwartungen ein unglaublich wichtiges Regulativ für den Unternehmer sein, der sich im Hamsterrad selbst aufarbeitet. Ich beobachte immer wieder, dass sich Unternehmer nur ihrer Frau zuliebe auch mal um sich und ihre Gesundheit kümmern.

Sie lässt nicht locker in ihrer Erwartung, diesen Menschen noch länger an ihrer Seite zu haben und nicht mit ansehen zu müssen, dass er sich selbst zugrunde richtet. Wenn Sie die Erwartungen anderer erfüllen, läuft das also bei Weitem nicht immer darauf hinaus, dass Sie nur denen einen Gefallen tun.

Sowieso

Tatsache ist jedoch, dass Unternehmer angesichts der Vielzahl der Erwartungen, die auf sie einprasseln, die Erwartungen ihrer Familie am ehesten hinten anstellen. Ein bisschen spielen da schon Gedanken mit wie: „Die lieben mich doch sowieso." oder „Ich bin ja verheiratet." oder auch „Die können doch relativieren: Schließlich haben sie auch was davon, wenn ich hier ackere wie ein Pferd." Das ist nicht böse gemeint, sondern oft ein Akt der Verzweiflung – oder das Resultat eines Missverständnisses.

Mit den Jahren höre ich bei vielen Unternehmern eine gewisse Demut heraus, wenn sie sagen: „Früher dachte ich, das Leben im Wohlstand wäre meiner Frau, meinen Kindern wichtig. Erst jetzt verstehe ich: Denen geht es gar nicht um Euros und Cent, sondern allem voran um gemeinsam erlebte Zeit."

Diese Erkenntnis kommt oft mit den ersten Enkelkindern oder dann, wenn sie sich mit der Vorstellung auseinandersetzen, dass es ein Leben nach dem Unternehmen gibt. Und auf einmal verstehen sie besser, was ihre Ehefrau, ihr Ehemann ihnen schon lange versucht, zu signalisieren: Lieber 1000 Euro weniger und dafür mehr Quality-Time.

Als Kind signalisieren Sie Ihrem Vater solche Erwartungen eher nicht, wenn Sie ihn von klein auf mehr als Unternehmer denn als Papi erlebt haben. Und die Lage wird noch komplexer, wenn Sie schon früh zu einem seiner Nachfolger auserkoren werden.

Über was sprecht ihr?

Diese Erwartung wird ganz automatisch die Haltung Ihrer Eltern Ihnen gegenüber beeinflussen. Ich kenne viele Unternehmer, die ihre Kinder schon mit zehn oder zwölf Jahren aktiv in die Firma einbinden. Das muss gar nicht schlimm sein: Ich durfte auch schon früh mein Taschengeld im Unternehmen meines Vaters aufbessern. Ich fand das super – und ich glaube, er auch.

Welche Gefahr damit allerdings verbunden sein kann, ist mir in einem Gespräch mit einem Unternehmer der zweiten Generation deutlich geworden. Ich hatte ihn nach seinen schönsten Erlebnissen mit seinem Vater gefragt. Und er antwortete unter Tränen: „Ich hatte so gesehen eigentlich nie einen Papa. Meine Kindheits- und Jugenderinnerungen an meinen Vater waren geprägt von Firmenthemen. Meine Highlights waren, als ich ihn mal zu einem Kunden begleiten durfte und als wir gemeinsam eine Messe besuchten." Es gab nie ein anderes gemeinsames Thema neben der Firma. Stellen Sie sich vor, diese Firma verschwindet auf einmal: Was bleibt dann übrig, was Sohn und Vater verbindet?

Der junge Mann ist sich erst im Nachhinein dieses Mangels richtig bewusst geworden. Und seit er selbst Kinder hat, macht er das übrigens ganz bewusst anders: Er bemüht sich aktiv darum, dass die ganze Familie – einschließlich seines Vaters – familiäre Themen findet. Er organisiert regelmäßige Familientreffen und dabei sind alle Firmenthemen tabu.

Die Vermischung der Erwartungen aus dem Kontext Familie und aus dem Kontext Unternehmen begleiten die Kinder-Eltern-Gespanne in der Regel so lange, bis einer von beiden aus dem System Unternehmen ausscheidet. Ich beobachte da Unsicherheit auf beiden Seiten.

Chef und Papa

Ich weiß, dass sich ältere Unternehmer oft fragen: „Wie muss ich als Senior meinem Junior in der Firma begegnen? Ganz als Chef? Auch als Vater?“ Umgekehrt fragt sich der Nachfolger: „Welche Erwartungen darf ich an meine Mutter haben, die gleichzeitig hier der Boss ist?“ Gerade bei den Junioren beobachte ich darüber hinaus eine innere Ambivalenz: Sie wollen auf der einen Seite auf gar keinen Fall in der Firma als Kind des Chefs behandelt werden und wenden eine Situation später erstaunt ein: „Aber das kann Papa doch nicht mit mir machen?!“

In dieser Unklarheit steckt jede Menge Zunder, wenn die beiden sich untereinander nicht darüber unterhalten und verständigen. Ist die Beziehung nicht megastabil, legt schnell einer die Worte des anderen auf die Goldwaage und schon wird ein Streit daraus. Gut streiten können die beiden aber nur, wenn die Verbindung tragfähig ist. So beißt sich die Katze der unbewußten Kommunikation in den Schwanz und macht nicht nur das Nachfolge-Thema schwierig.

Die Erwartungen von Ehepartnern, Kindern und Eltern – also des familiären Kreises – und die Erwartungen, die aus dem Kontext Unternehmen heraus entstehen, konkurrieren also oft miteinander, wenn sie nicht sauber aufgedröselt und bewusst abgeklärt werden. Und ganz oft „verlieren“ die familiären Erwartungen in diesem Kampf. Es gibt allerdings einen privaten Kreis, dessen Erwartungen noch weniger Berücksichtigung finden. Die Freunde müssen sich in der Regel in der Schlange ganz hinten anstellen.

Wie, du kannst schon wieder nicht?

Wie Ihre Familie wissen Ihre Freunde zwar, dass Sie Unternehmer sind, für Ihre Beziehung aber ist das nicht wichtig. Entsprechend sind deren Erwartungen anders als die Ihrer Kunden oder Mitarbeiter. Sie wollen Ihre Zeit, nicht Ihre Leistung – und wenn Sie diese Erwartung zu wenig erfüllen, entsteht ein Konflikt.

Ein Beispiel ist mir jüngst begegnet: Die junge Frau hat einen großen Freundeskreis. Doch seit sie die Nachfolge ihres Vaters in der Firma angetreten hat, ist sie dort voll eingespannt.

Sie muss deshalb immer wieder Verabredungen auch kurzfristig absagen oder die Einladung zu der spontanen Party unter der Woche ablehnen: „Sorry, mein Meeting geht nun doch bis 19.00 Uhr und morgen früh um sechs geht mein Flieger zu der Messe in Stockholm." – „Hey, muss das sein?" – „Ja, es muss."

Sie ahnt jetzt schon, dass diejenigen unter ihren Freunden, die irgendwo angestellt sind oder noch studieren, das nicht lange witzig finden werden. Das kenne ich auch von mir: Die Freunde, bei denen ich auf das meiste Verständnis stoße, wenn ich einer Einladung nicht folgen kann, sind die, die ebenfalls selbstständig sind. So selektieren sich die Freundeskreise von Unternehmern nach ziemlich ähnlichen Mustern, andere Freundschaften bleiben nicht selten auf der Strecke.

Diese Art von Kollateralschaden kennt so ziemlich jeder Unternehmer, weil die Erwartungen des Freundeskreises in der Regel als Erstes hinten runterfallen. Das ist schade, doch ich kann den Grund dafür gut nachvollziehen.

Wert und Aufwand

Die emotionale Verbindung zu Freunden ist eine andere als die zum Ehepartner oder vor allem zu den eigenen Kindern. Der Effekt wird verstärkt dadurch, dass Sie Ihre Familie täglich sehen, Ihre Freunde aber nur in größeren Abständen.

Ohne Wert sind Freundschaften deshalb jedoch nicht. Wie groß dieser Wert tatsächlich ist, erkennen viele Unternehmer allerdings erst, wenn es zu spät ist. Dieser hat viel mit Anerkennung und Wertschätzung zu tun, die dem Unternehmer oft fehlt – aber darauf komme ich später im Buch noch zu sprechen.

Warum ich mir dieses Wertes so sehr bewusst bin, hat einen traurigen Grund: Ich habe mit 39 Jahren ganz plötzlich und überraschend einen meiner besten Freunde verloren. Nie habe ich mir so viele Gedanken um Freundschaft gemacht wie seit seinem Tod. Vorher habe ich es für selbstverständlich gehalten, Freunde zu haben – und dann gemerkt, dass es das nicht ist.

Ich habe allerdings auch gelernt, dass ich meinen Erwartungen an mich, wie ich gute Freundschaften pflegen möchte, nur gerecht werde, wenn ich nicht mehr als einen oder zwei Menschen als beste Freunde habe.

100 Bekannte zu haben, ist kein Problem. 1.000 Facebook-Freunde zu haben, noch viel weniger. Aber aus echten Freundschaften erwachsen für mich andere Erwartungen, die ich erfüllen will. Das entscheidende Wort ist dabei das „ich will" – und das gilt nicht nur für die Gestaltung des Freundeskreises, sondern für den Umgang mit all den vielen Erwartungen überhaupt.

Soll-Bruchstellen

Die Erwartungen, die aus Ihrem privaten Umfeld von Familie und Freunden an Sie herangetragen werden, haben ein ganz spezielles Potenzial, für Sie zur Zerreißprobe zu werden. Schnell quälen Sie Gedanken wie „Ich bin ein schlechter Vater, Gatte, Freund". Sie haben das Gefühl, dass, egal was Sie gerade tun, das eine auf Kosten des anderen geht. Engagieren Sie sich in der Firma samt Mitarbeitern und Kunden, kommt die Familie zu kurz. Sind Sie mit der Familie in Urlaub, kommt die Firma zu kurz. Ein Dauerdilemma.

In dieser Lage produzieren Sie nicht nur in Ihrem Umfeld Kollateralschäden ohne Ende, sondern irgendwann wahrscheinlich auch bei sich selbst. Jeder hat eine Soll-Bruchstelle, an der sich das Symptom dieses Dauerreißens zeigt.

Das muss nicht zwangsläufig heißen, dass Sie einen Herzinfarkt oder ein Magengeschwür bekommen. Wenn das Symptom bei Ihnen ist, dass Sie chronisch schlechte Laune haben, versauen Sie sich Ihr Leben auch. Und nicht nur Ihres.

Die schlechte Nachricht ist: Aus dieser Zerreißprobe kommen Sie nicht von allein raus.

Ohne wäre blöd

Die unendlich vielen Erwartungen, die an Sie als Unternehmer von allen Seiten herangetragen werden, werden sich nie in Wohlgefallen auflösen. Sie bestehen immer weiter. Seien Sie froh, denn das wäre auch blöd, wenn es die nicht mehr gäbe.

Erwartungen erfüllen zu wollen, ist ein hoher Antrieb. Der äußert sich in Neugier, Mut, einer gewissen Risikobereitschaft, einer Freude an Herausforderungen. Ich nehme an, Sie müssen sich nicht jeden Morgen im Spiegel ein Tschakka entgegenschleudern, um motiviert in den Tag zu gehen. Diese unternehmerische Motivation schwingt einfach so mit. Der Antrieb erzeugt Lust und Energie.

Klar kann der Antrieb auch heiß laufen: Es ist eine typische Unternehmerkrankheit, sich chronisch zu überfordern. Die Dosis macht das Gift, aus dem Sie sich selbst einen Käfig und Ihr Hamsterrad bauen. Und das ist die gute Nachricht: Sie können vermeiden, dass es zu den geschilderten Kollateralschäden in Ihrer Umgebung und bei Ihnen selbst kommt. Sie müssen allerdings etwas dafür tun.

Sie können das

Ich habe noch eine gute Nachricht für Sie: Das, was Sie tun müssen, um mit all den Erwartungen klarzukommen, ist etwas, was Ihnen liegt. Hey, schließlich sind Sie Unternehmer. Und die Kernaufgabe von Unternehmern ist? Richtig: Es ist das Gestalten. Genau darum geht es. Sie gestalten bewusst Ihren Umgang mit den Erwartungen.

Dieses Buch ist ja kein Lebensratgeber, ich werde Ihnen also kein Rezept vorgeben, wie Sie dieses Gestalten für sich gestalten. Das können und müssen Sie ganz für sich selbst herausfinden. Was ich allerdings tun möchte: Ihnen die Eckpunkte vorstellen, die den Rahmen für diese Gestaltung schaffen. Das sind genau vier.

Die vier Eckpunkte für die Gestaltung

Der erste ist, dass Sie überhaupt das Spannungsfeld erkennen, in dem Sie hängen: Wer hat denn tatsächlich Erwartungen an Sie? In welcher Rolle stehen Sie in welcher Verantwortung? Meiner Erfahrung nach ist es schon sehr erhellend, wenn Sie in diesem Punkt für sich Klarheit schaffen.

Zweiter Eckpunkt: Welche Erwartungen haben Sie an sich selbst? Haben Sie sich darüber schon einmal Gedanken gemacht? An was erkennen Sie jeweils, dass Sie Ihre Erwartung erfüllt haben?

Das gleiche Spiel gilt für Eckpunkt 3: Wie sehen die Erwartungen der Mitarbeiter, der Kunden, Ihres privaten Umfelds wirklich aus? Damit meine ich nicht jene Erwartungen, von denen Sie nur vermuten, dass die anderen sie an Sie haben. Sondern die, die diese tatsächlich an Sie richten. Klar sind Ihnen bei dieser Erkenntnis Grenzen gesetzt: Nicht jeder wird Ihnen detailliert und konkret formulieren können, was seine Erwartungen an Sie sind. Doch je mehr Klarheit Sie in diesen Nebel bekommen, umso besser.

Der vierte und letzte Eckpunkt ist, dass Sie bewusst Prioritäten setzen. Wann geben Sie welchen Erwartungen den Vorzug? Und umgekehrt: Wann stellen Sie Erwartungen zurück? So gestalten Sie für sich eine Erwartungshaltung, mit der Sie sich selbst wohlfühlen. Weil deren Erfüllung Ihnen wichtig ist und Sie diesen Vorrang einräumen. Aus all den Erwartungen, die auf Sie einstürmen, treffen Sie eine selbstbestimmte Auswahl.

Kollateralschäden haben Sie auf diese Weise bestenfalls nicht mehr, doch will ich Ihnen keine falschen Hoffnungen machen …

Bewusste Verluste

Sie kommen nicht um Verluste herum, denn Sie werden sowieso nie die Erwartungen aller erfüllen. Herzlich willkommen im Leben. Und vielleicht wäre das auch gar nicht in Ihrem Sinne, all diese Erwartungen, die andere an Sie haben, zu erfüllen.

Sie treffen jedoch eine Wahl, an welcher Stelle Sie mit dem Verlust leben können. Es entstehen also keine unbeabsichtigten Schäden mehr an Stellen, die Sie hinterher bereuen.

Sondern Sie selbst entscheiden, wo Sie den Cut setzen, um sich die wirklich wichtigen Dinge zu bewahren.

„Schön und gut!“, könnten Sie sagen, „Wenn es so einfach ginge: Warum tun das nicht alle? Wo ist der Haken?“

Nun: Erstens sagt keiner, dass das einfach ist. Und zweitens: Einen Haken gibt es nicht. Es gibt nur eine entscheidende Frage …

Life's a journey

Einfach ist dieser Prozess, den Erwartungsrahmen zu gestalten, wirklich nicht. Für sich alleine das nötige Bewusstsein zu schaffen und den klaren Blick zu behalten, ist echt schwer. Da fühlen sich viele wie der Ochs vorm Berg. Aber allein zu erkennen, dass Sie nichts erkennen, ist schon eine Erkenntnis. Oft hilft Ihnen dann ein Blick von außen, der mit den richtigen Fragen dabei unterstützt, den Nebel zu lichten.

Dieser Gestaltungsprozess ist auch nichts, was Sie einmal und für immer erledigen können. In dem Song „Amazing“ von Aerosmith heißt es: „Life's a journey, not a destination“.

Und entsprechend verändern sich die Erwartungen kontinuierlich. Sie verändern sich, Ihr Umfeld verändert sich. Fertig sind Sie nie.

Die eigentliche, die ganz große Herausforderung aber verbirgt sich hinter Fragen wie: Nach welchen Kriterien setzen Sie denn Ihre Prioritäten? Wie wollen Sie die Erwartungen gestalten? Woran orientieren Sie sich? Was ist Ihnen wichtig? Was können Sie? Was brauchen Sie?

Dieses Bündel an Fragen läuft auf eine einzige entscheidende Frage an Sie als Unternehmer hinaus:

Was wollen Sie wirklich?

Jetzt geht's los!

Wenn Sie die Antwort darauf für sich schon lange klar gezogen haben, gratuliere ich Ihnen herzlich. Sie dürfen gerne weiterlesen, den ein oder anderen spannenden Aspekt kann ich Ihnen, wie ich glaube, dennoch bieten. Wenn Sie aber noch nicht ganz so weit sind und an der Antwort noch arbeiten, lade ich Sie ein, der Frage buchstäblich auf den Grund zu gehen.

Ich lade Sie zu einem echten Tieftauchgang ein, damit Sie herausfinden, was Sie wirklich wollen. Lassen Sie uns bei dieser abenteuerlichen Entdeckungsreise da beginnen, wo Ihr Unternehmersein seinen Anfang gefunden hat. In der Antwort auf die Frage „Was wollten Sie damals?“ liegt ein wichtiger Schlüssel zu Ihrer Antwort von heute.

Legen Sie Ihre Tauchausrüstung an, setzen Sie die Maske auf. Fertig? Dann geht es jetzt los.

105

TEIL 2

EIGENTLICH WOLLTE ICH …

Was die Welt von meinem Unternehmen wirklich haben sollte

Als Sie in Ihr Unternehmersein gestartet sind, sind Sie für etwas angetreten. Sie wollten etwas verwirklichen. Sie hatten einen ganz eigenen Antrieb, der Sie in Bewegung gesetzt hat.

Jeder unternehmerische Antrieb setzt sich aus vielen Aspekten zusammen. Diese habe ich in diesem Teil des Buches zu sechs Bildern gruppiert, durch die Sie nun tauchen können. Denn wie ein Taucher stoßen Sie sich von der Oberfläche des Tagesgeschäftes und der Gegenwart ab und erkunden die Tiefe. Dorthin haben sich nämlich Ihre ursprünglichen Motive zurückgezogen. Sie tragen sie noch in sich, auch wenn

sie Ihnen nicht mehr bewusst sind – oder vielleicht nie so richtig bewusst waren.

Das, auf was Sie sich mit diesem Tauchgang einlassen, ist keine Nabelschau und keine Psychokiste. Sie haben einen handfesten Grund dafür: In der Antwort auf die Frage, was Ihr Antrieb war und was mit diesem im Laufe der Jahre geschehen ist, finden Sie die Antwort auf die Frage, was Unternehmersein für Sie wirklich bedeutet.

Sind Sie bereit?

5 ABENTEUER UNTERNEHMEN

Wie sehr würden Sie sich selbst als Abenteurer bezeichnen? Die meisten Unternehmer, die ich kenne, sehen sich gar nicht so. Und doch behaupte ich, dass ein gewisser Abenteuerdrang jeden Einzelnen von ihnen antreibt. Auch Sie. Denn dieser Abenteuergeist gehört dazu, damit Sie sich überhaupt trauen, Unternehmer zu werden.

Schließlich lassen Sie sich auf ein Vorhaben ein, von dem Sie wissen – oder zumindest ahnen –, dass es mit Unsicherheiten behaftet ist.

Oder um es mit der Wikipedia-Definition von Abenteuer zu formulieren: „etwas Wagnishaltiges unternehmen, das interessant, faszinierend oder auch gefährlich zu sein verspricht und bei dem der Ausgang ungewiss ist."

Ein Abenteuer anzugehen wie auch ein Unternehmen zu führen, hat immer zwei Aspekte: Auf der einen Seite kommt es beim Erfolg Ihres Vorhabens stark auf Sie und Ihr Handeln an. Sie dürfen nicht nur, Sie müssen gestalten. Sie dürfen nicht nur, Sie müssen etwas Besonderes schaffen. Denn in erster Linie stehen Sie selbst für den Erfolg oder Nicht-Erfolg gerade.

Die andere Seite ist: Abenteuer wie Unternehmen geben Ihnen überhaupt erst die Freiheit für dieses Handeln – eine Freiheit, die Sie in anderen, weniger unsicheren Konstellationen nie haben.

Ob nun die Sehnsucht nach der Gestaltung selbst oder die Sehnsucht nach der Gestaltungsfreiheit jeweils die Henne ist oder das Ei: Wer will das entscheiden? Das eine geht mit dem anderen Hand in Hand und beide sind unerlässlich, egal ob Sie gründen oder nachfolgen: Ein Unternehmen entwickelt sich immer aus der Person des Unternehmers heraus weiter. Von seiner Freude, sich auf das Abenteuer Unternehmen einzulassen, lebt die Firma.

So gesehen sind Sie als Unternehmer wie ein Taucher, der sich mit jedem neuen Tauchgang auf ein Abenteuer einlässt ...

Ein Hai, ein Hai

Natürlich springen Sie zum Tauchen nicht unvorbereitet ins Wasser: Sie überprüfen den Druck in Ihrer Flasche, Sie checken die komplette Ausrüstung, Sie sehen nach den Wetterverhältnissen, Sie erfragen die Wassertemperatur, Sie schlauen sich über die Topografie des Riffs auf, Sie erkundigen sich nach den Strömungsverhältnissen. Denn dass Sie ein Abenteuer eingehen, heißt ja nicht, dass Sie blindlings losstürmen – das wäre nicht nur bei einem Tauchgang eine dumme Idee und nähme schnell ein potenziell lebensbedrohliches Ende. Abenteurer zu sein, bedeutet nicht, ohne Vorbereitung ins Ungewisse aufzubrechen. Im Gegenteil.

Und doch wissen Sie von Anfang an: Selbst mit der besten Vorbereitung können Sie ein Abenteuer nicht von A bis Z durchplanen. Sonst wäre es auch keines. Sie werden Überraschungen erleben: ‚Oh, da vorne schwimmt ein Hammerhai heran.

Das hat mir keiner gesagt, dass der hier heute schwimmt. Wie soll ich mich jetzt verhalten?'

Das ist beim unternehmerischen Abenteuer nicht anders: Vorbereitung gehört dazu. Aber die Sicherheit zu wissen, wie Ihr Vorhaben verlaufen wird, gewinnen Sie dadurch nicht. Die Ungewissheit bleibt.

Diese Ungewissheit ist es, die viele davon abhält, sich auf Abenteuer einzulassen. Wenn Sie ein Mensch sind, der sehr auf Sicherheit bedacht ist und die Regelmäßigkeit mag, sind Sie nicht wirklich der Typ dafür. Sie streben nicht danach, sich selbst Abenteuer zu erschaffen. Das heißt nicht, dass Sie nicht auch über Ihre Grenze gehen können. Sie brauchen dafür allerdings jemanden, dem Sie vertrauen und der Ihnen Sicherheit gibt.

Kleines Beispiel: Meine Tochter hatte die Idee, einmal einen Schnuppertauchgang zu machen, bisher immer kategorisch abgelehnt: „Nö, will ich nicht!" Im letzten Urlaub aber lernte sie die Tauchlehrerin der Basis kennen und fand diese unheimlich sympathisch. Als die ihr dann ein solches Probetauchen anbot, sagte sie sofort „Ja". An der Seite einer Person, der sie vertraute, konnte sie sich auf das Abenteuer einlassen, das sie von sich aus und allein nie gewagt hätte.

Der abstrakte Begriff „Schnuppertauchen“ hatte im wahrsten Sinn des Wortes ein Gesicht bekommen. Menschen können viel leichter Menschen als Institutionen oder Organisationen vertrauen. Wenn Sie sich dagegen freiwillig und sehenden Auges auf die Ungewissheit der Selbstständigkeit einlassen, besitzen Sie offensichtlich den nötigen Abenteuergeist. Sie wagen den – wie Taucher das nennen – *big step*.

Ins Leere

Ich wette, Sie haben das schon einmal gesehen: Das Schiff hat am Spot den Anker geworfen, alle machen sich für den Tauchgang fertig und dann kann es losgehen. Einer nach dem anderen stellt sich hinten auf die Plattform, fixiert mit der einen Hand Maske und Mundstück des Atem-Reglers, mit der anderen die Schnalle seines Bleigurts. Und dann macht er einen großen Schritt, wohl wissend, dass er mit dem Schritt zunächst ins Leere und dann hinein in ein ungewohntes Element fällt. Tschüss, fester Boden unter den Füßen.

Als Unternehmer geht es Ihnen wie dem Taucher: Mit Ihrem Big Step in das unternehmerische Abenteuer geben Sie sehr viel Sicherheit auf.

Oder besser gesagt, das Gefühl von Sicherheit, in dem sich Nicht-Unternehmer wiegen. Ob das in der Realität wirklich so existiert, sei mal dahingestellt, doch der Eindruck ist da.

Selbst bei bester Vorbereitung wissen Sie, dass beim Abenteuer Tauchen wie beim Abenteuer Unternehmen immer wieder überraschende Situationen vorkommen werden, die Sie dazu zwingen zu improvisieren. Trotz aller Planung.

Ich denke, das ist auch genau das, was das Leben für einen Abenteuerlustigen spannend und freudvoll hält. Mein Lieblingsbeispiel dafür hat gar nichts mit Unternehmersein zu tun, sondern mit Musik.

Slash's Solos

Ich besuche mit meiner Frau sehr gerne Live-Konzerte. Ich glaube, das liegt auch an deren Charakter: Wenn Sie die Gigs einer Tour von richtig guten Musikern aufzeichnen würden, wäre der Ablauf schon immer sehr ähnlich. Die Songs wären so ziemlich die gleichen, der Text jeweils auch, damit die Leute mitsingen können.

Doch mal lässt der Sänger sich spontan eine neue Strophe einfallen, der Schlagzeuger schiebt ein anderes Solo ein, der Bassist verändert das ein oder andere Lick. So wird jedes Konzert anders – da sind alle Beteiligten in ihrer Improvisationskunst gefragt.

Ich habe einmal ein Interview mit dem langjährigen Techniker von Slash, dem Lead-Gitarristen von Guns N' Roses, gesehen: Der pflegt und bereitet nicht nur die Instrumente für den Auftritt vor. Slash braucht im Verlauf jedes Songs verschiedene Verstärker- und Effekteinstellungen. Da er in dieser Zeit über die Bühne fegt, kann er die Regler natürlich nicht selbst bedienen. Der Techniker muss also hoch konzentriert verfolgen, welchen Takt Slash gerade anschlägt, um an den richtigen Knöpfen für mehr Distortion, mehr Delay oder mehr Chorus zu drehen. Im Interview sagte er: „Das ist echt schwierig, weil Slash ein so leidenschaftlicher Improvisator ist: Er spielt bei jedem Auftritt anders. Der könnte mir gar nicht ansagen, wann er welchen Effekt wie ausgeprägt braucht. Also höre ich genau zu, kann ihn über die Kameras auf der Bühne beobachten und hoffen, dass ich mitbekomme, was er da tut und wann er wohl welche Einstellung braucht. Es ist immer ein kleines Abenteuer", erklärt der Techniker grinsend. Improvisation ist halt nicht planbar.

So wie dem Techniker mit Slash geht es Ihnen als Abenteurer immer: Sie wissen trotz aller Vorbereitung nicht, was bei Ihrem Tauchgang in den Minuten drei, sieben und zwölf passiert oder in Ihrem Unternehmen am Tag zwei, Monat vier oder Jahr fünf. Treffen Sie an dem Tauchspot auf eine andere Strömung als gedacht? Erleben Sie auf dem Markt Ihres Kernproduktes eine andere Entwicklung als erwartet? Hilft nichts, Sie müssen damit umgehen. Denken Sie an Slash und improvisieren Sie freudvoll und entschlossen drauflos.

Ich bin tatsächlich immer wieder begeistert, wenn ich Unternehmer erlebe, die in dieser täglichen Improvisation voll aufgehen. Es gibt allerdings einen Grad einer selbstvergessenen Begeisterung, bei dem es mir aus meiner Tauchererfahrung heraus mulmig wird.

Stop or die

Meine Tauchlehrer haben es mir von Anfang an eingebläut: Und wenn du noch so überwältigt bist vom Abenteuer Tauchen, vernachlässige niemals deine Sicherheitsstopps.

Diese Sicherheitsstopps sind Pausen, die Sie als Taucher machen müssen, wenn Sie aus der Tiefe wieder an die Wasseroberfläche steigen wollen. Das heißt, Sie verweilen auf Ihrem Weg nach oben immer wieder, damit sich Ihr Körper an die Druckveränderung anpassen kann. Die Zahl und Dauer dieser notwendigen Stopps zur Dekompression variiert je nach Tauchtiefe und -zeit. Beachten Sie die entsprechenden Angaben Ihres Tauchcomputers dazu nicht, geraten Sie schnell in eine existenzielle Notlage: Die Dekompressions- oder Taucherkrankheit ist lebensbedrohlich!

So schnell bekommen wir Unternehmer die Rückmeldung von unserem Körper nicht, wenn wir nicht selbst für unsere Gesundheit regelmäßig Dekompressionsstopps einlegen. Ich würde fast sagen: leider. Mir hat das Tauchen eindrücklich vor Augen geführt, wie wichtig es auch mitten im Abenteuer ist, auf sich selbst aufzupassen. Was habe ich davon, wenn mein Unternehmen floriert und ich am Boden liege, weil ich für mich selbst keine Sicherheitsstopps berücksichtigt habe? Welche haben Sie für sich installiert? Solche sogenannten Deko-Stopps sind keine Dekoration, sondern überlebensnotwendig!

Ja, zu den Unwägbarkeiten von Abenteuern gehören auch bedrohliche Risiken. Wissen tun das sowohl die, die Abenteuer meiden, wie die, die sie lieben.

Das Wissen macht also nicht den Unterschied.

Der Letzte?

Der Unterschied ist, dass die einen auf die bösen Überraschungen fokussieren, während die anderen ihre Aufmerksamkeit auf die schönen Seiten richten.

Ich von mir kann definitiv sagen, dass ich nicht vor jedem Tauchgang denke: ‚Es könnte mein letzter sein, denn das ist ja eine riskante Sache und vielleicht sterbe ich dabei.' Und ich wünsche jedem Unternehmer, dass er nicht jeden Morgen mit dem Gedanken aufwacht: ‚Fahre ich meine Firma gerade an die Wand?' Das wäre in höchstem Maße demotivierend und selbstzerstörerisch.

Natürlich erleben Sie ab und zu Situationen, in denen solche Gedanken hochkommen. Mir ist zum Beispiel schon einmal der Schlauch meines Atemreglers geplatzt. Vorher war mir gar nicht bewusst, dass so etwas passieren kann. Glücklicherweise befand ich mich in diesem Moment noch an Bord des Schiffes, es war also nicht ganz so schlimm. Beeindruckt hat es mich trotzdem. Danach konnte ich das Erlebnis allerdings wieder ausblenden.

Könnte ich das nicht, hätte ich seither wahrscheinlich vor jedem Tauchgang Schweißausbrüche. Dann würde ich wohl besser mit dem Tauchen aufhören.

Solche unerwarteten Schreckmomente haben Sie auch als Unternehmer immer wieder – und stecken Sie weg, weil Sie wieder die positiven Seiten Ihres Abenteuers in den Blick nehmen.

Diese positiven Seiten sind es, warum Sie sich überhaupt für das Unternehmersein entschieden haben: diesen progressiven Ansatz, immer wieder Neues anzugehen. Was Besonderes zu unternehmen. Damit verbunden ist stets eine gewisse Experimentierfreude. Ich kenne tatsächlich keinen einzigen Unternehmer, der darauf keinen Bock hat. Sie alle wollen ihr Ding immer noch besser machen. Das muss nicht von null auf hundert schießen, aber stetig Stück für Stück.

Ich beobachte diesen Vorwärtsdrang bei Gründern, die mit ihren disruptiven Ideen und daraus erwachsenen Geschäftsmodellen oder ihrem revolutionären Ansatz die Platzhirsche ausstechen wollen. Ich beobachte ihn aber auch bei Nachfolgern, die sich selbst und der Welt beweisen wollen, dass sie das Erbe von Papa oder Mama nicht nur verwalten, sondern weiterentwickeln können.

Darin zeigt sich für mich die progressive Grundhaltung eines Abenteurers. Aus diesem Anspruch heraus will insgeheim jeder Unternehmer die Welt ein bisschen besser machen oder gar die Lebensqualität aller Beteiligten verbessern. Das klingt dann schon ganz schön abenteuerlich, oder?

Manch ein Nicht-Unternehmer schaut mich bei solchen Äußerungen kritisch an, so als denke er: ‚Jetzt dreht der Kaapke aber schon ein bisschen ab.' Aber tatsächlich ist das für mich Teil der unternehmerischen Denkwelt.

Abraham Maslow hat 1952 – frei übersetzt – Folgendes gesagt: *„Der Unterschied zwischen großartigen und niedergehenden Gesellschaften besteht im Großen und Ganzen in den unternehmerischen Freiheiten und der Anzahl der Menschen, die diese nutzen. Ich denke, dass mir jeder zustimmen wird, dass die 100 Menschen, die eine niedergehende Gesellschaft am nötigsten braucht, nicht 100 Chemiker, Politiker, Professoren oder Ingenieure sind, sondern 100 Unternehmer."*

Ich denke, er hat recht.

Ich bin überzeugt, dass die Freude am Abenteuer für alle Unternehmer zu Beginn ihrer Laufbahn ganz groß geschrieben ist – bewusst oder unbewusst.

Und doch passiert dann etwas, was Udo Lindenberg in einem seiner fantastischen Lieder besingt:

„Reeperbahn, wenn ich dich heute so anseh'
Die Abende sind teuer
Doch es gibt kein Abenteuer"

Paradoxer Lustkiller

In meinen Gesprächen mit Unternehmern erlebe ich oft, dass sie die Begeisterung für das Neue mit ihrer Firma, die Lust am Abenteuer nicht mehr spüren. Und dafür gibt es viele Gründe.

Klar, Misserfolg ist ein Lustkiller. Wenn sich Ihr Markterfolg nicht einstellt, Sie ständig am wirtschaftlichen Limit krebsen und wie Sisyphos stets von Neuem beginnen müssen, dann bringt das Neue keinen Spaß mehr und das prickelnde Abenteuergefühl verfliegt. Das kann jeder nachvollziehen. Das Paradoxe aber ist, dass die Unlust auch sehr erfolgreiche Unternehmer quält.

Ich überspitze nur ein wenig, wenn ich schreibe: Je größer und erfolgreicher eine Firma wird, desto weniger Abenteuer verspürt ihr Chef.

Der Zusammenhang zwischen dem einen und dem anderen ist mir erst jüngst in meinem Tauchurlaub wieder deutlich geworden.

Stolze Zahlen

Wenn Sie wie ich zweimal im Jahr für ein paar Wochen zum Tauchen verreisen, ist jeder Tauchgang ein echtes Abenteuer. Und so stellte sich bei mir auch diesmal sofort das Kribbeln im Bauch ein, als der Motor des Bootes ansprang und wir zum ersten Dive dieses Urlaubs rausfuhren. Während wir, den salzigen Wind in den Haaren spürend und unter dem Sonnensegel sitzend, die Fahrt zum Tauchspot genossen, kamen wir in der Gruppe ins Gespräch.

„Und? Wie viele Tauchgänge habt ihr bereits im Logbuch?“, fragte einer in die Runde.

„34“, „76“, 148“, „204“. Der Stolz, der bei jedem in der Stimme mitschwang, der eine noch höhere Zahl als sein Vorredner nennen konnte, war unüberhörbar.

Schließlich wandte ich mich an den Tauchlehrer, der bisher geschwiegen hatte: „Und, wie viele sind es bei dir?“

Ich dachte: ‚Jetzt sticht er uns gleich in leicht triumphierendem Tonfall aus und sagt „1000“ oder so.‘ Weit gefehlt.

Er antwortete nüchtern: „Nach 500 Tauchgängen hörst du auf zu zählen. Danach rechnest du nur noch in Saisons. Dies ist meine zehnte.“

Oh, wow! Das heißt, er ist wohl schon mehrere Tausend Male getaucht. Aus Hobbytaucher-Sicht unglaublich oft!

Was mir zu denken gab: Der Tauchlehrer strahlte keinerlei Begeisterung über diesen „Erfolg“ aus. Im Gegenteil: Für ihn ist das Tauchen Routine geworden. Ein reiner Broterwerb. Abenteuergefühl? Nichts, nada, niente.

Genau in diese Falle gehen auch erfolgreiche Unternehmer: Wenn das Unternehmen wächst und gedeiht, steigen zwar die Zahlen, aber ab einem gewissen Punkt wird Ihr Tun zur Routine. Das Abenteuer ist weg. Vielleicht wissen Sie noch, wie Sie sich gefühlt haben, als Sie mit Ihrer Firma das erste Finanzloch überbrücken mussten. Oder Auseinandersetzungen mit einem wichtigen Mitarbeiter hatten. Oder die ersten Absatzeinbrüche erlebten.

Haben sich die bösen Überraschungen erst mehrfach wiederholt, sind sie keine Überraschungen mehr: Sie wissen, wie Sie damit umgehen. Die Dinge plätschern gefühlt vor sich hin. – OK, vielleicht nicht immer, aber immer öfter. Natürlich geht Ihnen die Arbeit nicht aus, aber sie scheint sich nur noch zu wiederholen. Sie sind weiterhin wahnsinnig beschäftigt, aber irgendwie ist Ihnen auch – langweilig. Selbst die positiven Erlebnisse, an denen Sie sich früher freuen konnten, sorgen nicht mehr für Begeisterung.

Darüber trösten Sie auch die schönen Zahlen nicht hinweg. Ihre Firma mutiert zum Broterwerb, Ihnen fehlt etwas Entscheidendes: der Kitzel des Neuen. Eine innere Unzufriedenheit breitet sich in Ihnen aus, die Sie sich selbst nur schwer erklären können.

Doch nicht nur die Routine zieht der Erfüllung Ihres unternehmerischen Abenteuerdrangs den Teppich unter den Füßen weg.

Der Druck und die Diamanten

Je tiefer Sie sich beim Tauchen vorwagen, desto mehr steigt der Druck, der auf Sie einwirkt. Und je tiefer Sie sich auf Ihr Unternehmersein einlassen, steigt auch da der Druck auf Sie an: Sie schultern eine Menge Verantwortung und ich kenne keinen Unternehmer, den das völlig kaltlässt. Kommen dann auch noch Probleme im privaten Umfeld dazu, kann der Druck enorm werden.

Es gibt ja die Redewendung: „Unter Druck entstehen Diamanten" – ob die stimmt? Ich bin nicht überzeugt … Ganz sicher weiß ich nur, dass Druck jeden von uns verändert. Psychisch wie physisch. Ja, Druck führt bei Ihnen nicht nur zu anderen Gedankengängen, womöglich zu schnellerem Handeln, sondern wirkt auch auf Ihren Körper ein. Das sehen Sie beim Tauchen besonders deutlich.

Sie lesen diese Zeilen vermutlich gerade bei Normaldruck. Das heißt, dass der Umgebungsdruck, der gerade auf Sie einwirkt, bei etwa einem bar liegt. Das ist das Maß an Druck, mit dem Menschen sehr gut zurechtkommen. Doch wann beginnt ein Druck Ihnen zu schaden?

Dabei sind zwei Komponenten zu berücksichtigen: Erstens, wie schnell der Druck sich ändert. Und zweitens, wie stark der Druck vom Normalwert abweicht.

Für den ersten Punkt, der Druckveränderung, gibt es beim Abtauchen eine wichtige Regel: Lassen Sie sich nur so schnell sinken, wie Sie den Druckausgleich hinbekommen. Den brauchen Sie nämlich, wenn der Druck sich ändert. Den Ausgleich schaffen Sie üblicherweise über das Zudrücken der Nase bei gleichzeitigem, kräftigem Ausatmen durch die Nase. Sorgen Sie nicht für den Ausgleich, bekommen Sie die Quittung in Form von heftigen Ohrenschmerzen sofort.

Die Regel für den zweiten Punkt, die Druckbelastung, besagt, dass Sie als Scuba-Diver nie über eine bestimmte Grenze hinaus tief tauchen sollten. Denn alle zehn Meter Wassertiefe steigt der Umgebungsdruck um etwa 1 bar an. Tauchen Sie zu tief, steigen die Druckverhältnisse derart an, dass der Sauerstoff-Anteil in dem Luftgemisch in der Flasche unter ein kritisches Level sinkt. Parallel steigt der Stickstoffanteil. Die Folge: Die Luft, die Sie einatmen, ist zu stickstoffhaltig und schränkt Ihre Gehirnleistung massiv ein. Sie können nicht mehr klar denken und geraten in einen Tiefenrausch, auch Stickstoff-Narkose genannt.

Als Taucher wird Ihnen frühzeitig erklärt, wie tief Sie tauchen dürfen, ohne Schaden zu nehmen. Und wenn Sie es doch tun, spüren Sie am eigenen Leib, wann Sie diese Grenze überschreiten. Ignorieren Sie die Signale, wird es ziemlich umgehend lebensgefährlich. Als Unternehmer hingegen sagt Ihnen keiner, wann und wie Sie den Druck, der auf Ihnen lastet, ausgleichen müssen und wo der Punkt ist, an dem Sie den Druck nicht mehr ertragen. Sie sind derjenige, der das einschätzen kann und muss.

Doch die Signale, die auf die Überschreitung Ihrer Grenzen hinweisen, sind viel weniger eindeutig als beim Tauchen, die Lebensgefahr ist nicht postwendend sichtbar. Sie können sie deshalb wesentlich leichter ignorieren, weil Sie sie nicht direkt wahrnehmen oder einschätzen können.

Noch dazu haben Sie in der Regel keinen Buddy an Ihrer Seite, der Sie darauf aufmerksam machen könnte. Scuba-Diver gehen ja mindestens immer in Zweier-Teams auf Tauchgang: Diese beiden Buddys checken noch an Bord gegenseitig die Ausrüstung, behalten sich unter Wasser gegenseitig im Auge und fragen sich gegenseitig immer wieder, ob alles OK ist. Das ist eine tolle Vorsichtsmaßnahme, die – auf Landratten übertragen – heißen könnte, dass Sie Ihren Ehepartner, einen Freund oder einen Coach darum bitten könnten, Ihr „Buddy" zu sein. Doch diese Chance nutzen Unternehmer viel zu selten.

Das kann böse Folgen haben, denn versäumen Sie den richtigen Moment für den Druckausgleich oder den Stopp für die Dekompression, reißt Ihnen zwar nicht das Trommelfell und es schwinden Ihnen auch nicht die Sinne, doch Sie tragen Schaden davon. Und das, was als Erstes darunter leidet, ist Ihre Freude am Abenteuer Unternehmen.

Drucklöser

Die meisten Unternehmer nehmen durchaus wahr, dass sie einen Druckausgleich nötig haben. Ob sie den auch für sich durchziehen, steht auf einem anderen Blatt.

Ein klassisches Mittel zum Druckausgleich ist Alkohol. Das hat natürlich seine Tücken, denn auch wenn Ihnen nach diesem „Ausgleich" kurzzeitig aller Druck beseitigt und die Probleme gelöst erscheinen – am nächsten Tag stecken Sie noch tiefer drin. Welches Mittel für Sie nachhaltig wirkt? Ich habe keine Ahnung, denn das muss jeder für sich selbst herausfinden. Der eine spaziert am Abend noch eine Runde durch das Industriegebiet rund um die Firma, bevor er nach Hause geht. Der andere joggt mit dem Hund um den See. Der dritte genießt es, den Kindern eine Gute-Nacht-Geschichte vorzulesen.

Wichtig ist nur, dass Sie erkennen, wann Sie einen Druckausgleich brauchen oder sich nicht mit noch mehr Druck belasten dürfen, damit Ihr Abenteuergefühl beim Unternehmersein nicht erdrückt wird.

Es gibt übrigens noch einen dritten Killer, der es auf genau das gleiche Opfer abgesehen hat. Der, den ich dafür in Verdacht hatte, ist es aber nicht ...

Keine falschen Schlüsse

Ich hatte vor einiger Zeit ein langes Gespräch mit einem Unternehmer, der Ende 60 ist. Er offenbarte mir, dass es ihn im Gegensatz zu früher nicht mehr nach den großen Abenteuern drängt. Er wirkte vollkommen zufrieden, deshalb schien es mir vollkommen OK so.

Ich fragte mich hinterher nur, ob eine nachlassende Lust am Neuen mit dem Alter des Unternehmers zu tun hat. Hm. Ich selbst bin jetzt gute 40 und immer noch heiß auf Abenteuer – wenn auch zugegebenermaßen vielleicht anders als noch vor zehn Jahren.

Und dennoch glaube ich nicht, dass das Alter der entscheidende Einflussfaktor auf die Abenteuerlust ist. Denn auf der anderen Seite erlebe ich seit einiger Zeit im Sparring einen jungen Unternehmer, der gerade erst dabei ist, das Familienunternehmen seines Vaters zu übernehmen.

Er durchläuft immer wieder Phasen, in denen ihm komplett das Abenteuergefühl in seinem zukünftigen Unternehmen abhandenkommt. Er fühlt sich eingeengt, fühlt sich nicht anerkannt, in dem was er tut, er ist genervt von den eingespielten Routinen des Hauses. Es fühlt sich so sinnlos an. Und dann fallen Sätze

wie: „Vielleicht sollte ich die Nachfolge hinschmeißen und was Neues gründen. Ach nee, das geht ja nicht."

Ich habe ihn daraufhin gebeten, den Gedanken an den Unternehmensausstieg tatsächlich für sich einmal zuzulassen – und ihn weiterzuspinnen. Er stellte sich vor, morgen zu kündigen, ein Start-up hochzuziehen, damit erfolgreich zu sein, Mitarbeiter einzustellen und und und. Nach sehr kurzer Zeit war er gedanklich wieder an dem Punkt, an dem er jetzt steht: Er hat das Gefühl, er steckt wieder fest und sein Drang nach Abenteuer wird schon wieder enttäuscht ...

Die Erkenntnis, die er dabei hatte: Das Abenteuergefühl hat auch ein ganzes Stück mit ihm selbst zu tun.

Abenteuer Sinn

Sobald er seinen Sinn – das Streben nach Neuem – immer wieder nur im Starten sucht, ist sein Unternehmersein sofort sinnlos, wenn der Anfang gemacht ist. Er hatte noch nicht entdeckt, das Abenteuer in der Weiterentwicklung zu suchen und zu finden. Er hatte seinen Sinn noch nicht mit dem Unternehmenssinn in Übereinstimmung gebracht. Er hatte sich noch nicht *sinnchronisiert*.

Diesen Begriff haben Sie wahrscheinlich noch nie gehört. Den habe ich – um ehrlich zu sein – selbst erfunden, um ausdrücken zu können, was ich meine. Hier nur so viel: Eine ganz zentrale Aufgabe für Sie als Unternehmer ist es, Ihr Leben mit dem, was Sie antreibt – Ihrem Sinn – in Übereinstimmung zu bringen.

Es gibt eine Reihe von Aufgaben, die Sie an niemanden delegieren können, weil nur Sie selbst sie lösen können. Für Ihre Gesundheit zu sorgen, ist eine. Und die Sinnchronisation eine weitere.

An dieser Stelle geht es mir darum: Wenn Ihnen als Unternehmer die Freude am Abenteuer abhandengekommen ist – und ich bin mir sicher, Sie sind mit großer Abenteuerlust gestartet! –, kann das natürlich auf die wachsende Routine, auf den zu hohen Druck, auf Ihr Alter oder Ihre andere Lebensphase zurückzuführen sein. Es muss aber nicht. Zu einem erheblichen Teil können Sie selbst bestimmen, wo Sie Abenteuer fühlen.

Jeder kann sich seinen Weg dahin selbst suchen.

132 Neues an jeder Ecke

So halte ich es nicht für einen Zufall, dass viele erfolgreiche Unternehmer sich mit der Zeit zusätzlich zu ihrem Hauptgeschäft weitere Unternehmungen aufbauen. Wenn Sie in Ihrem traditionell geprägten Familienunternehmen manche Neuerung oder ungewöhnliche Idee nicht oder nur gegen erhebliche Widerstände ausprobieren können – vielleicht gerade auch, weil es so wie es ist, super läuft –, eröffnen Sie für sich ein neues Spielfeld dafür. Manch einer startet eine Kooperation mit einer Hochschule, entwickelt Hilfsprojekte oder sucht die Herausforderung in einem neuen Start-up.

Andere erhalten sich die Entdeckerfreude aber auch innerhalb ihres Unternehmens: Sie haben großen Spaß daran, immer Neues dafür zu lernen. Das muss nicht im hochoffiziellen Rahmen von Lehrgängen oder Seminaren passieren, die lieben Learning-by-doing. Die bleiben einfach neugierig. Ich gebe zu: Ich bin so einer. Für mich ist jeder Tag wie *Sendung mit der Maus*. Es gibt immer was zu entdecken. Denn wenn Sie sich darauf einstellen, zum Beispiel das nächste Meeting nicht nur über sich ergehen zu lassen, dann können Sie – und darauf wette ich – als angenehmen Nebeneffekt etwas für sich lernen. Das ist nur eine Frage des Bewusstseins.

Ein Unternehmer tut das aus einem einfachen Grund: Er hat Bock auf das Abenteuer Unternehmersein!

Vielen geht es an diesem Punkt gar nicht mehr um das Geldverdienen. Nein, sie wollen frei sein, weiterdenken, das Neue im Alten finden – um dieses Abenteuergefühl wieder zu spüren, das sie nie vermissen möchten.

Klingt doch klasse, oder? Dabei bin ich mit Ihnen erst am Anfang des Spektrums, was Unternehmer antreibt. Beim Gedanken an das nächste Kapitel geht mir zum Beispiel auch sofort das Herz auf.

6 WEITE AUFTUN

Ich kenne keinen einzigen Unternehmer, der mit dem Wunsch startet, seine Firma genau so zu gestalten, wie die Konkurrenz es vorgemacht hat, wie der eigene ehemalige Arbeitgeber es getan hat, der Vorgänger es eingerichtet hat. Nein, sie alle wollen ihren eigenen Weg gehen. Sie wollen raus aus der Enge der eingefahrenen Angebote und Strukturen. Sie wollen ihre Freiheit als Unternehmer nutzen. Sie wollen für sich Weite auftun. Sie wollen gestalten.

Und doch geht vielen in ihrem unternehmerischen Wollen früher oder später die Puste aus. Dass es so weit kommt, dafür gibt es drei Gründe. Ich wette, alle drei werden Ihnen bekannt vorkommen. Zunächst will ich aber mit Ihnen glatt ziehen, wie sich dieser Drang nach Weite äußert und was er bewirkt.

Weiter, immer weiter

Wenn Sie vergleichen, wo Sie mit Ihrem Unternehmen standen, als Sie es gegründet beziehungsweise übernommen haben, und wo Sie heute stehen: Da hat sich einiges getan, nicht wahr? Zum Beispiel bei Ihren Produkten: Wahrscheinlich haben Sie zunächst mit einigen wenigen angefangen und die Stück für Stück verbessert. Sie haben sich damit einen Schritt von Ihrem Ausgangspunkt nach vorne bewegt. Damit hat sich auch Ihr Horizont verschoben: Sie haben ihn erweitert. Sie haben sich ein kleines bisschen mehr Weite aufgetan, als Sie vorher hatten.

Und dadurch, dass Sie ständig Ihre Kunden besser kennenlernen, haben Sie bei denen Probleme entdeckt, für die Sie ebenfalls Lösungen anbieten könnten. Sie haben sich überlegt: Wollen wir uns um dieses Problem kümmern oder nicht? Wenn ja, haben Sie daraus möglicherweise auch ganz neue Produkte entwickelt. Erneut sind Sie einen Schritt nach vorne gegangen.

Wenn ich mir diese Entwicklung am Beispiel einer Tauchbasis vorstelle, könnte das so aussehen: Das Unternehmen führt bereits tagsüber Tauchgänge an einem bestimmten Spot durch. Nun ist der Chef auf die Idee gekommen, eine Ausfahrt an denselben Spot als Nacht-Tauchgang anzubieten.

Falls Sie schon einmal nachts an einem Spot getaucht sind, den Sie vom Tag kannten, wissen Sie: Das ist etwas ganz anderes. Der Spot sieht komplett anders aus, und die Herausforderungen sind andere als am Tag. Nicht nur die Tauchgäste, auch die Firma wird mit diesem innovativen Angebot jede Menge neue Erfahrungen sammeln. Und damit den nächsten Schritt in die Er-Weite-rung ihrer Angebote tun.

Eine Weite, die sich gut anfühlt. Die kein Ende zu haben scheint. Und Sie können es kaum erwarten, noch einen Schritt weiter zu gehen.

Diese Freude daran, sich immer größere Weite zu schaffen, beobachte ich bei so ziemlich allen Unternehmern, die ich kenne – den jungen sowieso, aber auch bei den älteren. Und ich glaube, das hat etwas mit einem Charakterzug zu tun ...

Das quälendste Gefühl

Als ich angefangen habe zu tauchen, war jeder „normale" Tauchgang spannend. Ich war ja auch vollauf damit beschäftigt, mit der Situation und der Technik klarzukommen.

Doch mit jedem Mal bekam ich beides besser in den Griff, mit der Zeit wich die Anspannung der Entspannung. Gleichzeitig stellte sich schleichend ein anderes Gefühl ein: Langeweile.

Also begann ich darüber nachzudenken, ob ich nicht vielleicht einmal einen Höhlentauchgang machen sollte. Oder einen, der zu einem Wrack führt. Etwas Neues eben. Den nächsten Schritt in die Weite machen.

Den meisten Unternehmern, die ich kenne, wird wie mir recht schnell langweilig. Das ist auch der Grund, warum Unternehmer so sehr von einem guten Team hinter sich profitieren: Sie brauchen Mitarbeiter, die die Bälle auffangen und für die Umsetzung sorgen. Denn das Umsetzen erfordert oft geduldige Detailarbeit, das Entwickeln von Prozessen und ein sorgfältiges Bearbeiten von To-Dos. Bei so etwas fühlen sich Unternehmer meist nicht in ihrem Element. Das ist für sie mühevolle Arbeit, die sie nervt und schlaucht. Die Ideenfindung dagegen beflügelt sie.

Unternehmer sind in ihrer Firma also selten die begnadetsten Umsetzer. Sie heften sich viel lieber einen anderen Anstecker ans Revers.

Der Vorbauer

Auf diesem Button steht in großen Lettern: ANSTIFTER.

Unternehmer lieben es, Dinge anzustoßen, Menschen anzuspornen, immer neue Ansätze zu finden, Dinge weiterzuentwickeln, neue Probleme zu finden, nach denen sonst noch niemand gesucht hat, in neuen Lösungen zu denken. Sie tun für sich ein ums andere Mal die nächste Weite auf, denn das ist das Gegenteil von Langeweile – und das beste Gegenmittel. Damit tun sie ja auch, was ein Unternehmer tun sollte: den Erfolg von morgen vorausdenken und initiieren.

Diesen ständigen Drang in die Weite muss Ihre Umgebung erst einmal aushalten können. Der Konflikt ist ja vorprogrammiert: So brauchen Sie Mitarbeiter, die in ihrer Beständigkeit das umgesetzt kriegen, was Sie an Ideen ihnen zugeworfen haben. Doch die fühlen sich genau in dieser Beständigkeit gestört, wenn nach kurzer Zeit schon der nächste Ball aus Ihrer Ecke geflogen kommt. Schließlich hängen die Mitarbeiter noch komplett in der Umsetzung des ersten, während Sie schon mit den nächsten zehn Einfällen jonglieren. Irgendwann ist für die Mitarbeiter in dieser Jonglage auch nicht mehr nachvollziehbar: Was ist aktuell nur eine Idee? Was davon soll wirklich umgesetzt werden?

Was will er denn nun eigentlich, der Chef?

Dieser Konflikt zwischen Vorwärtsdrang und Beständigkeit muss sich auch nicht auf die Firma beschränken …

Dreamteam oder Fightteam?

Auch der Lebenspartner oder die Lebenspartnerin des Unternehmers ist mit dem Anstiftertum konfrontiert. Die sind meiner Beobachtung nach überzufällig häufig auch im beständigen Element zu Hause. Entsprechend können die Paare sich daher entweder permanent in den Haaren liegen – oder sich perfekt ergänzen und ein super Team bilden.

Wenn es gut passt, profitieren beide Seiten: Sie als Anstifter, weil Ihnen in Ihrem Ideenreichtum die Erdung guttut und Sie die Unterstützung bei der Umsetzung bekommen, die Sie selbst nicht leisten wollen oder können. Und Ihr beständiger Partner, weil er in Ihnen einen Motor hat, der das gemeinsame Boot immer weiter vorantreibt.

Ja, ein Unternehmer ist der Anstifter für die stetige Weiterentwicklung der Firma und ihrer Produkte. In meinen Augen aber ist er noch mehr …

Mein Fest

Im Idealfall ist er auch der Anstifter oder zumindest der Rahmengeber für die Entwicklung der Mitarbeiter. Er kann ein Umfeld gestalten, in dem es dem Mitarbeiter möglich ist, zu wachsen und zu entdecken, was alles in ihm steckt.

Eine meiner Projektleiterinnen hat einmal zu mir gesagt: „Ich hätte nie gedacht, dass ich mal so weit kommen könnte!“ Ich kann Ihnen sagen: Es war mir ein Fest, das zu hören. Ich weiß nicht, wie es Ihnen damit geht, aber mir gibt es ein großartiges Gefühl. Ich lese daran eine für mich extrem sinnvolle Wirksamkeit als Unternehmer ab: Die Lebensqualität von Mitarbeitern erhöht sich dadurch, dass sie sich verbessern, spürbar weiterentwickeln können und stolz auf sich sind. So tut der Unternehmer nicht nur für sich, sondern auch für seine Mitarbeiter Weite auf.

Das sind also eine Menge positive Effekte, die Sie als Unternehmer von dieser Weite haben. Warum nur sollten Sie diese jemals aus den Augen verlieren?

Alles, was cool ist

Der erste der drei Gründe ist folgender: Meiner Erfahrung nach kann die fortlaufende Suche nach dem Kick der neuen Weite auch ins Chaos führen. Ich nenne diese Entwicklung die Verzettelungsgefahr. Denn im Auftun der Weite gibt es für mich einen klaren Unterschied. Wenn Sie diese auf immer neuen, unterschiedlichen Wegen suchen, landen Sie stets wieder bei null – oder in einem Irrgarten.

Unternehmer entwickeln nämlich meist mehr Ideen, als sie überhaupt umsetzen können. Sie sind sehr kreativ. Sie haben mehr Ideen als Zeit. Das ist dieser Tatendrang mit der Lust auf Abenteuer. Wenn ich aber alles anfange, was ich gerade cool finde, nie den Stopp einlege, um zu schauen: „Was kann ich wirklich gut?" – dann werde ich mich früher oder später verzetteln. Sie können nicht alles Mögliche anbieten, weil Sie nicht alles wirklich können.

Echte Weite tun Sie deshalb nur dann auf, wenn Sie sich Ihrer Kernkompetenz bewusst sind. Nur wenn ich weiß, was ich will, was ich kann, was ich biete, warum und wozu ich an den Start gehe, kann ich mein Unternehmen sinnvoll weiterentwickeln. Ich suche also entlang meiner Kernkompetenz das Neue – so wie auch beim Tauchen.

Der kleine Unterschied

Dass ich begeisterter Taucher bin, wissen Sie schon. Was ich Ihnen aber noch nicht verraten habe, ist, was für eine Art Taucher: Gestatten, ich bin Scuba-Diver – also Sportgerätetaucher. Daneben gibt es noch andere Varianten des Tauchens. Die Tech-Diver zum Beispiel. Bei denen geht es darum, mit hochspezialisierten Geräten auf dem neuesten technischen Stand tiefer zu tauchen. Sie gehen dabei auch bewusst größere Risiken ein als beim Scuba-Diving.

Auch das Free-Diving erfüllt einen ganz anderen Zweck als das Scuba-Diving. Ein Free-Diver oder Apnoetaucher kommt völlig ohne technische Geräte aus. Ähnlich wie der Tech-Diver will er möglichst tief tauchen, aber auf natürliche Weise durch das Anhalten der Luft. Sie können sich vorstellen, an welche Grenzen Sie dafür gehen müssen. Das ist Extremsport. Bei den Free-Divern geht es also um den Wettkampfcharakter, das ist eine knallharte Challenge. Scuba-Diving dagegen ist kein Wettkampf um Tiefe, das ist eine entspannende Sportart, in der das Entdecken-Wollen im Vordergrund steht.

Entspannte Weite

Klar, Free-Diving, Scuba-Diving und Tech-Diving – das sind alles drei Abenteuer, die unter Wasser stattfinden. Aber zusammengenommen ergeben sie eben nicht die Weite, die ich meine. Deshalb würde ich als Scuba-Diver niemals auf die Idee kommen, Apnoetauchen zu gehen. Natürlich könnte ich es ausprobieren und mich darin weiterbilden – aber dann würde ich einen völlig neuen Bereich eröffnen. Nur weil es viele Parallelen gibt, ist das Free-Diving eben nicht das Gleiche wie Scuba- oder Tech-Diving. Jede der Taucharten erfüllt einen anderen Zweck und benötigt verschiedene Kompetenzen.

Mit dieser Sicht, Weite entlang der Kernkompetenz aufzutun, meine ich nicht, dass der Scuba-Diver auf das Erlernen neuer Fähigkeiten verzichten sollte. Im Gegenteil. Was würden Sie sagen, wenn ein Scuba-Diver nun einen Bootsführerschein machen will?

Auf den ersten Blick könnten Sie sagen: „Taucher, bleib' bei deinem Gerät." – denn klar, Boot fahren erfordert ganz andere Fähigkeiten als Tauchen. Doch mir geht es bei den Tauchgängen als Scuba-Diver ja hauptsächlich um das Entspannen und Explorieren.

Und dieses Wozu erfüllt der Bootsführerschein für mich auch: Durch den Schein kann ich selbstständig und öfter zum Tauchen fahren und zudem vielleicht auch noch schöne, entspannende Nachmittage zwischen den Tauchgängen auf See verbringen. Aus diesem Grund erweitert der Bootsführerschein für mich im Kontext des Tauchens sinnvoll meine Fähigkeit entlang meines Kernanliegens, ich verzettele mich damit nicht.

Das war also Grund Nr. 1, der Sie davon abbringt, Ihre echte Weite aufzutun. Er ist den meisten theoretisch klar, praktisch aber oft nicht. Und das gilt auch für den zweiten Grund.

Willkommen im Hamsterrad!

Als Unternehmer ist meine Kernkompetenz das Anstiften. Wenn ich mir aber als Triple Agent die Tage mit operativer Arbeit vollstopfe, lande ich ganz schnell im Hamsterrad. Ich denke, jeder Unternehmer kennt dieses Rad aus eigener Erfahrung: Bei Ihnen stehen 60, 70 oder gar 80 Arbeitsstunden am Ende der Woche auf der Uhr – und dennoch haben Sie das Gefühl, nicht weitergekommen zu sein.

Klar, es gibt die Phasen, in denen kommen Sie nicht aus dem Hamsterrad heraus. Vielleicht ist Ihnen gerade ein wichtiger Mitarbeiter ausgefallen, ein großer Kunde wackelt oder Ihr Geschäftsmodell wird angegriffen. Oder vielleicht ist – ganz profan – Ihr finanzieller Druck enorm. Ich habe erst vor Kurzem einen Unternehmer kennengelernt, der sich mit zwei Partnern zusammengetan hat. Jeder von den dreien hat eine Million Euro Privatkredit aufgenommen. Der Druck, der auf denen lastet, ist riesig. In solchen Situationen können Sie nicht einfach aussteigen, natürlich – doch wenn Sie dauerhaft so rotieren, kommen Sie nicht weiter als der Hamster in seinem Rad. Tschüss, Weite.

Einen Grund habe ich noch für Sie – und ich vermute, dass Sie an den vorher noch nicht gedacht haben.

„Geiler Job!“

Stellen Sie sich vor, Sie als Unternehmer führen eine – wie Sie finden – tolle Neuerung ein. Sie legen all Ihre Begeisterung in die Vermittlung der Idee, doch die Mitarbeiter rollen nur genervt mit den Augen: „Sollen wir das jetzt auch noch machen?“

Solche Momente haben absolutes Frustpotenzial, so wie so viele andere Momente auch. Denn Chefs bekommen von ihren Mitarbeitern nur sehr selten das, was jeder Mensch sich im Gegenzug für seine Anstrengung wünscht: Wertschätzung. Oder wann hat Ihnen das letzte Mal ein Angestellter auf die Schulter geklopft: „Klasse, Chef! Du machst einen richtig geilen Job! Danke, dass ich dabei sein darf."?

Diese ausbleibende Wertschätzung höhlt auf die Dauer Ihre Freude an der Weite aus. Ich weiß, dass sich viele Unternehmer die Motivation über gute wirtschaftliche Ergebnisse erhoffen. Aber sicher haben Sie schon lange bemerkt, dass das für die Anstifter im Unternehmen nicht so einfach funktioniert, wie es sich anhört: Schließlich sind diese für Sie weitaus weniger aussagekräftig als für die Umsetzer in der Firma. Wer operativ drinsteckt, kann seinen Erfolg oft eins zu eins an Zahlen, Daten und Fakten ablesen – „sind die Verkaufszahlen gestiegen?", „sind die Kunden zufriedener?". Solche eindeutigen Gradmesser haben Sie als Anstifter nicht. Ihr Ding sind die langfristigen Entwicklungen und bei denen erkennen Sie Ihren Erfolg bestenfalls indirekt im Umsatz Monate und Jahre später, überlagert von vielen, vielen anderen Faktoren.

Die Frage ist also, woraus Sie dann Ihre Wertschätzung beziehen, um den Drang nach Weite nicht zu verlieren.

Insgeheim gefreut

„Ich bin ich und ich bin toll." Das hat eine meiner Töchter mal im Brustton der Überzeugung gesagt. Da war sie sechs Jahre alt. Ich fand das beeindruckend, denn solche Aussagen trauen wir Erwachsenen uns meist nicht mehr. Eigenlob soll ja angeblich stinken, deshalb loben wir uns selbst eher zu wenig als zu viel.

Ich denke, Unternehmer brauchen eine höhere Wahrnehmung ihrer Selbstwirksamkeit. Wenn Sie aktiv darauf achten, wo überall die Samen aufgehen, die Sie gesät haben, erfahren Sie Wertschätzung, ohne dass direkt lobende Worte fallen. Wenn Ihnen zum Beispiel ein Mitarbeiter – so wie mir die Projektleiterin – sagt, dass er durch Sie in seiner Entwicklung vorangekommen ist. Wenn Ihnen ein Kunde spiegelt, dass er die Entwicklung Ihrer Firma gut findet. Wenn Sie immer wieder Rückschau halten und reflektieren, wie Ihre Impulse das Unternehmen dahin geführt haben, wo es jetzt steht.

Ich glaube auch, wenn Unternehmer sich im Klaren wären, dass es für ihre unternehmerische Kraft wichtig ist, dass sie Wertschätzung erfahren, würden sie weniger demonstrativ sagen: „Ein Unternehmer-Award? Wozu das denn?“ Insgeheim freut sich ja dann doch jeder über eine solche Auszeichnung. Das ist auch gut so, denn schließlich geht es nicht um den Pokal, den Sie überreicht bekommen, sondern um die Anerkennung Ihrer unternehmerischen Leistung.

Und ganz ehrlich: Bei KAAPKE® haben wir schon viele fachliche Awards erhalten und ich habe mich über jeden einzelnen gefreut. Am meisten aber bedeutet mir persönlich die Auszeichnung „Existenzgründer des Jahres 2006“. Der honoriert nämlich nicht die Unternehmensleistung, sondern die Leistung des Unternehmers in seiner Rolle des Anstifters – genau die Rolle, die im Alltag viel zu wenig Wertschätzung erfährt.

Eine Anerkennung in Form einer Auszeichnung hilft, den Drang, weiterhin Weite aufzutun, zu erneuern und zu beflügeln. Und ihn nicht aus den drei Gründen, die Sie nun kennengelernt haben, zu verlieren. Denn sonst kommt Ihnen eine entscheidende Basis für Ihr Unternehmersein abhanden.

Die Freiheit, die ich meine

Wie bedeutend diese Basis ist, wird viel zu oft unterschlagen und es ärgert mich richtig, wenn sogar Unternehmer selbst das tun. Deshalb platzt mir auch mal der Kragen, wenn ich einen älteren Unternehmer spöttisch zu einem Gründer oder Nachfolger sagen höre: „Du träumst von Freiheit? Dann fange erst mal an und wir sprechen uns in einem Jahr wieder, was von deinem Freiheitsgefühl als Unternehmer übrig geblieben ist!"

Sicher sind Sie als Unternehmer in vielen Angelegenheiten nicht frei in Ihren Entscheidungen: Sie müssen sich an gesetzliche Vorgaben halten, Sie müssen finanziellen Verpflichtungen nachkommen, Sie müssen sich nach dem Markt richten etc. – das kennen Sie alles. Und doch haben Sie eine Freiheit, die kein anderer hat: Innerhalb dieser Rahmenbedingungen haben Sie Wirkungsfreiheit. Sie entscheiden, wie und wo Sie Wirkung erzielen wollen. Das ist allein Ihr Ding.

Diese Wirkungsfreiheit haben Sie zumindest so lange, wie Sie es sich bewahren können, die Weite aufzutun, für die Sie einst angetreten sind. Deshalb ist dieser unternehmerische Antrieb für mich so essenziell. Es macht mich traurig zu beobachten, dass viele Unternehmer sich nicht mehr in die Weite trauen.

Was unter der Last der drei Gründe tatsächlich einknickt und zu dem „Sich nicht mehr trauen“ führt, will ich Ihnen hier am Ende dieses Kapitels noch zeigen.

Der Schlüssel für die Weite

Unternehmer trauen sich dann nicht mehr, für sich Weite aufzutun, wenn sie sich nicht mehr vertrauen. Vielen ist der Unterschied nicht klar und sie schieben ihre abnehmende Initiative auf allerlei äußere Widrigkeiten. Die stecken ihre Energie in die Beseitigung dieser Hindernisse, wo sie doch eine ganz andere Baustelle hätten, um wieder ins unternehmerische Handeln zu kommen.

Der Mut und das Selbstbewusstsein sind tatsächlich der Schlüssel dafür. Interessant für mich zu beobachten ist, was sich allein dadurch verändert, wenn sich Unternehmer dessen bewusst werden: Dass ihr Antrieb, immer neue Weiten aufzutun, nicht nur OK ist, sondern ein elementarer Teil ihres Unternehmerseins. Und dass sie trotz ausbleibender Wertschätzung, trotz Hamsterrad-Stress und Verzettelungsgefahr darauf vertrauen dürfen, dass sie es können.

Bei allem Hang zum Understatement im deutschen Mittelstand möchte ich den Unternehmern immer wieder zurufen: „Leute, think big! Ihr habt es drauf." Denn wenn Sie sich als Unternehmer vor lauter zur Schau getragener Bescheidenheit so klein machen, dass Ihnen der Mut und das Selbstvertrauen für die Weite abhandenkommt, bleibt nicht nur die Weiterentwicklung Ihrer Firma auf der Strecke, sondern auch Sie.

Und das verhält sich bei dem Antrieb, um den es im nächsten Kapitel geht, nicht anders ...

7 ZEICHEN SETZEN

„Wissen Sie, ich bin Unternehmer geworden, weil ich das Gefühl hatte, dass es in Deutschland noch nicht ausreichend X-beliebige Firmen gibt. Es war mein ausdrücklicher Wunsch, dass ich mich mit meinem Unternehmen in diese undefinierbare Masse einreihe und damit richtig viel Kohle scheffele."

Nein, das haben Sie nicht gesagt, als Sie Ihr Unternehmen gegründet haben. Niemand sagt das. Ich kann mir kaum vorstellen, dass Sie so eine Aussage schon jemals gehört haben. Ich auch nicht. Und doch fällt es mir bei sehr vielen Unternehmen, denen ich begegne, schwer zu sagen, mit welcher Motivation sie gegründet worden sind: Welches Zeichen wollte der Unternehmer damit setzen? Irgendetwas wollte der Gründer doch sicher bewirken. Nur was?

Darüber habe ich mich schon seit Langem gewundert: Wie kann das sein, dass Unternehmer mit dem Anspruch starten, etwas Besonderes zu gestalten – und dieses Besondere so wenig sichtbar wird?

Ich denke, ich habe inzwischen eine Antwort darauf gefunden – die eigentlich aus zwei Antworten besteht …

Der Widerspruch

Wenn Sie einen mittelständischen Unternehmer fragen, welches Zeichen er mit seiner Aktivität in der Welt setzen möchte, winkt der wahrscheinlich erst einmal ab. Er lässt Sie wissen, dass ihm ein solcher Anspruch viel zu hoch gegriffen ist. Gleichzeitig sehen Sie ein Blitzen in seinen Augen. Und so werden Sie sich eines Widerspruchs gewahr, den ich sehr oft beobachte: Auf der einen Seite möchten diese Unternehmer etwas Besonderes schaffen. Sie möchten, dass Mitarbeiter und vor allem Kunden gerne mit dem von ihnen geschaffenen Unternehmen zu tun haben. Dass diese davon nicht nur materiell, sondern auch emotional Nutzen haben. Diesen Anspruch über die Lippen bekommen aber nur die wenigsten Mittelständler.

Sie üben sich lieber in Untertreibung, auch in Sachen Zeichen in der Welt. Sie wollen auf gar keinen Fall wie Angeber aussehen. Denn alles, was nach Selbstbeweihräucherung klingt, ist ihnen suspekt und unangenehm. Ein klassisches Zeichen von Understatement, was den Mittelstand ja auch so sympathisch macht.

Doch bohren Sie im Gespräch mit dem Mittelständler ruhig mal beharrlich nach. Stellen Sie Fragen wie „Warum machst du eigentlich, was du machst?“ oder „Was willst du denn erreichen?“ Sie werden sehen, dass Ihr Gegenüber dann doch irgendwann mit der Sprache herausrückt: Das, was er gestaltet, soll schon etwas Besonderes sein.

Ich möchte fast sagen: Selbstverständlich wollen sie etwas Besonderes schaffen! Denn bei genauem Hinschauen werden Sie feststellen, dass die meisten Unternehmer vieles von dem, was sie tagtäglich arbeiten, auch im Angestelltenverhältnis tun könnten. Dann hätten sie wesentlich weniger Risiken und Verantwortung zu tragen. Und oft bekämen sie dafür noch nicht einmal weniger Geld. Warum sollten sie sich diese Zusatzmühen und -risiken des Unternehmerseins antun, wenn es nicht um etwas Besonderes ginge?

Wenn Sie wie ich häufiger solche Gespräche führen, wird Ihnen übrigens nicht nur der Widerspruch zwischen ausgesprochenem und unausgesprochenem Anspruch auffallen. Sie werden auch feststellen, dass es zwei verschiedene Blickwinkel auf dieses „Besondere" gibt. Da sind Unternehmer nicht anders als das Völkchen der ambitionierten Hobbytaucher …

Täter und Jäger

Sobald Sie beim Tauchen die nächste Ausbildungsstufe erfolgreich durchlaufen haben, bekommen Sie entsprechende Scheine in Form von Kärtchen – Tauch-Brevets genannt. Die sind das „Zeichen", mit dem Sie in der nächsten Tauchbasis zusammen mit Ihrem Logbuch Ihren Kenntnisstand nachweisen können. Ohne einen solchen Nachweis dürfen die Guides vor Ort Sie auf bestimmte Tauchgänge gar nicht mitnehmen. Für einfache Tauchgänge in geringen Tiefen reicht es, wenn Sie den Grundtauchschein gemacht haben. Alle weiteren Scheine sind ein Kann, kein Muss.

Wer sich über das Basislevel hinaus weiterbildet, hat also einen anderen Anspruch als nur mal ab und zu ein bisschen zu tauchen.

Und ich stelle immer wieder schmunzelnd fest, dass die Hobby-Tauchergemeinde sich dabei in zwei Lager teilt: Da stehen zum einen die, die ich die „Überzeugungstäter“ nennen will. Die machen immer weiter, weil sie sagen: „Das interessiert mich.“ Sie wollen beim Tauchen weiterkommen, die Zusammenhänge besser verstehen oder sich besser vorbereitet fühlen, zum Beispiel durch den Rettungstaucher-Schein. Sie machen das ausschließlich für sich. Die diversen Kärtchen, die sie damit sammeln, stecken sie achselzuckend ein. Sie legen auf dieses Zeichen nach außen hin keinen Wert, sie freuen sich ausschließlich nach innen darüber.

Demgegenüber stehen die „Brevet-Jäger“. Die haben die größte Freude daran, ihre vielen verschiedenen Kärtchen stolz herumzuzeigen. Wenn Sie mal an einer Tauchbasis vorbeikommen, achten Sie darauf: Sie erkennen die Jäger daran, dass diese, lässig an die Bar gelehnt, das große Wort schwingen und stundenlang von ihren Heldentaten unter Wasser berichten. Manch einer dieser Helden verliert allerdings viel von seiner Sicherheit, wenn Sie mit ihm tauchen gehen.

Diese zwei unterschiedlichen Blickwinkel darauf, wie sichtbar Ihre Zeichensetzung im Außen sein soll, damit Sie sich wohlfühlen, beobachte ich bei Unternehmern auch.

Wer oder was?

Die einen beziehen das Zeichen, das sie setzen wollen, ausschließlich auf die Firma: Diese soll für die Beteiligten etwas leisten, was sonst keiner leistet. Der Frage, was dieser Erfolg für sie als Unternehmer bedeutet, stellen sie sich gar nicht. Dabei ist sie nur folgerichtig, denn schließlich ist der Unternehmer Teil des Unternehmens. Doch diese Unternehmer sind oft so stark mit ihrer Firma assoziiert, dass sie ausschließlich diese im Sinn haben. Nur das Unternehmen soll etwas Besonderes darstellen, weshalb sie über ihren Anteil am Erfolg gar nicht reden wollen. Und schon gar nicht, um damit im Rampenlicht zu stehen. Teilweise wehren sie sich sogar vehement gegen die öffentliche Aufmerksamkeit für ihre Person. Zugeständnisse machen sie in diesem Punkt allerhöchstens dann, wenn sie glauben, dass es der Firma hilft. Das sind die Überzeugungstaucher.

Andere Unternehmer dagegen nehmen die Aufmerksamkeit für ihre Person als netten Nebeneffekt mit nach dem Motto: ‚Der Erfolg der Firma ist zwar das Wichtigste, aber wenn dabei für mich Ruhm und Ehre abfällt – OK, aber nur solange ich solche Berichterstattung nicht provozieren muss.' Und natürlich gibt es auch im Mittelstand „Brevet-Jäger", die erpicht auf diese persönliche Reputation sind, für etwas Besonderes zu stehen.

Groß ist deren Zahl nach meiner Beobachtung zwar nicht, aber selbstverständlich ist deren persönliche Freude legitim, die sie auf diese Weise über ihr Unternehmen erlangen. Denn anders als beim Tauchen stelle ich nur selten eine Diskrepanz zwischen ihrem sorgsam gepflegten Ruf als Unternehmer und ihrem tatsächlichen Können fest …

Ein Begriff, der im Zusammenhang mit „Zeichen setzen“ und „Unternehmen“ naheliegend wäre, fällt allerdings selbst bei diesen extrovertiert veranlagten Unternehmertypen eher selten: der vom Lebenswerk. Der Zeithorizont ist in der Regel die aktive Arbeitszeit, die sie für sich selbst überblicken können oder wollen. Das ändert sich erst mit fortschreitendem Alter, wenn die Zahl der Berufsjahre im Rückblick die Zahl der voraussichtlich noch kommenden deutlich übersteigt. Dann schleicht sich das Thema oft durch die Hintertür ein, wenn Sie sich als Unternehmer Gedanken um Ihre Nachfolge machen oder gesundheitliche Probleme Sie zu Fragen zwingen wie „was passiert, wenn ich mal nicht mehr kann“. Und Sie auch von außen immer häufiger darauf angesprochen werden: „Boah, was du da geschaffen hast.“

Auch spannend: Viele Unternehmer lassen den Gedanken an ein „Lebenswerk“ gegen Ende ihrer Laufbahn eher zu. Sie merken nämlich jetzt erst, dass sie viel stärker emotional mit ihrer Firma verbunden sind, als sie es die Jahre und Jahrzehnte zuvor wahrhaben wollten oder konnten.

Wie Unternehmer das Zeichen nach innen und außen auch nennen: Der Anspruch, es zu setzen und etwas Besonderes zu schaffen, ist also da. Ich habe Ihnen zwei Antworten versprochen, warum von diesem Anspruch so wenig übrig zu bleiben scheint. Die haben auch etwas mit innen und außen zu tun.

Die eigene Latte

In meinen Sparrings befasse ich mich auch mit dem Thema Nachfolge. Ich kenne daher viele Unternehmer, die stramm auf die 60 zugehen. Etliche davon blicken auf eine sehr erfolgreiche Laufbahn als Unternehmer zurück. Sie haben mit ihrer Firma jeweils etwas Besonderes erreicht und könnten mit Fug und Recht stolz auf sich sein. Ich sage mit Absicht „könnten“, denn sie lehnen Stolz dezidiert ab.

Gut, bei einigen habe ich den Eindruck, dass ihr Hang zum Understatement auch hier durchschlägt. Ich lächele innerlich, wenn die mir auf meine Frage, ob sie nicht stolz sind, antworten: „Ach, weißt du: Ich habe einen Haufen Glück gehabt“ oder „Ich habe einfach super Mitarbeiter“ oder „Das habe ich nur meinen Kunden zu verdanken“. Sie reflektieren ihren Erfolg auf alles, was nicht sie persönlich sind, nur um sich nicht zu ihrem Stolz bekennen zu müssen. Damit befinden sie sich in guter Gesellschaft. Sogar Arnold Schwarzenegger sagt in einer Rede, dass er nur mithilfe anderer der werden konnte, der er heute ist: „I always tell people that you can call me anything that you want. You can call me Arnold. You can call me Schwarzenegger. You can call me the Austrian Oak. You can call me Schwarzie. You can call me Arnie. But don't ever ever call me a self-made man.“

Die Wahrheit liegt wohl irgendwo in der Mitte: Ohne die Unterstützung anderer wären weder Arnold Schwarzenegger noch Unternehmer erfolgreich geworden. Aber ohne ihr eigenes Zutun eben auch nicht.

Ich erlebe allerdings auch ältere Unternehmer, die abseits allen Understatements tatsächlich keinen Stolz empfinden. Denn Stolz ist auch eine Frage des Anspruchs.

Wenn ich zum Beispiel von einem Unternehmer höre, der seine Firma von null auf – sagen wir – 300 Mitarbeitern oder zig Millionen Euro Umsatz oder zur Marktführerschaft gebracht hat, würde ich sagen: „Gratulation! Darauf können Sie stolz sein." Das stimmt auch – aus meiner Warte zumindest. Aus seiner Warte aus betrachtet muss das nicht so sein.

Die Benchmark, an der Sie sich selbst messen, kennt nur einer und das sind Sie. Nur Sie wissen, mit wem oder was Sie sich vergleichen. Nur Sie kennen Ihre heimlichen Ziele. Nur Sie können sagen, welches Zeichen Sie wirklich setzen wollten.

Erst kürzlich habe ich mich mit einem Unternehmer unterhalten, der zwar die faktischen Erfolge seiner Firma anerkennen konnte – die tolle Umsatzentwicklung, die umwerfend gute Rentabilität, den riesigen Marktanteil –, aber stolz war er nicht. Im Gespräch verriet er auch, warum: Sein ursprünglicher Anspruch war, eine herausragende Unternehmenskultur zu kreieren. Mit hängendem Kopf sagte er: „Wo könnten wir heute stehen, wenn wir die Kultur hätten, die ich mir immer gewünscht habe? Ich habe es nicht besser hingekriegt. Wenn mir früher klar geworden wäre, dass mir das ewig nachhängt, hätte ich mich noch mehr darum gekümmert."

Das ist die große innere Gefahr, der Sie sich aussetzen, wenn Sie sich nicht bewusst damit auseinandergesetzt haben, welches Zeichen Sie setzen wollen. Beziehungsweise dass Sie über den wirtschaftlichen Erfolg hinaus Benchmarks haben. Das ist der perfekte Boden für chronische Unzufriedenheit. Die kennen die meisten Unternehmer nur zu gut.

Vom zweischneidigen Schwert erlegt

Dieses permanente Gefühl, dass es immer noch besser geht, ist ganz typisch. Doch das ist ein zweischneidiges Schwert. Die gute Seite daran ist, dass daraus Energie entsteht: Sie wollen progressiv vorankommen, es brennt das unternehmerische Feuer in Ihnen. Den Glaubenssatz „Stillstand ist Rückschritt" kenne ich sogar noch von meinen Großeltern, der prägt Unternehmer bis heute. Ich würde den nicht zu 100 Prozent unterschreiben, denn ich glaube schon, dass es Sinn ergibt, ab und zu stillzustehen, um Zeit für Regeneration und Reflexion zu finden.

Aber Teil der Wahrheit ist, dass Unternehmer immer weiterkommen wollen. Dafür gibt es zwei Gründe.

Erstens erfüllen Sie sich Ihren Anspruch, etwas Besonderes zu erschaffen, nicht in einem einmaligen Akt, sondern dieser Anspruch treibt Sie permanent an. Zweitens kommt etwas hinzu, was sich in den letzten Jahren deutlich verschärft hat: der Wettbewerbsdruck. Da ist nämlich auch Angst im Spiel. Davor, nicht mehr mithalten zu können. Davor, dass das eigene Geschäftsmodell zerstört werden könnte.

Diese Ängste haben durchaus realen Hintergrund: Wir hatten hier bei uns mal eine super Buchhandlung. Einige Jahre nachdem Amazon auf den Markt gekommen war, war die weg. Die kommt auch nicht wieder. Den Effekt sehen Sie in vielen Bereichen und Branchen. Das Geschäftsmodell meines Vaters hatte über die gut 30 Jahre seiner Selbstständigkeit weitgehend Bestand. Ich denke, dass kommt heute nur noch selten vor. Die Sorgen sind also berechtigt.

Doch bei aller Energie, die aus solchen Selbstzweifeln erwachsen kann: Zu viel davon macht unzufrieden und vielleicht sogar krank. Der eine gibt vor lauter Zweifel auf, sein Zeichen in der Welt setzen zu wollen. Der andere empfindet sein Unternehmen nur noch als Last, weil er nicht einschätzen kann, ob er seine Benchmark erreicht hat. Oft ist dieser Unternehmer der Einzige, der nicht in der Lage ist zu erkennen, dass er bereits etwas Besonderes geschaffen hat.

Solche Unzufriedenheit lässt keinen Stolz zu. Wie bei dem Unternehmer, von dem ich jetzt berichten möchte: Er hat seine eigene Leistung erst erkannt, als er seinen Laden schon dichtgemacht hatte ...

Der späte Schlüssel zum Stolz

Dieser Unternehmer hatte – aus kleinen Verhältnissen kommend – eine erfolgreiche Produktionsfirma aufgebaut. Das große Wachstum und ein großspuriges Auftreten hatten ihn nie interessiert. Aber er hatte von Beginn an einen wahnsinnig hohen Anspruch an die Qualität seiner Produkte: Er wollte, dass andere sagen, dass seine Ware die beste ist. Und das hatte er geschafft.

Doch damit war jetzt Schluss und zwar radikal: Weil er keinen Nachfolger hatte, verkaufte er den gesamten Maschinen- und Fuhrpark sowie das Gebäude. Kurze Zeit später sprach ich mit ihm, wie es ihm denn damit geht. Ich hatte den Verdacht, dass ihm etwas fehlen würde: Schließlich war alles, was seine Firma ausgemacht hatte, weg. Er konnte noch nicht einmal mehr hinfahren und nach dem Rechten schauen. War da Leere?

Seine Antwort hat mich überrascht. Er sagte: „Timo, du kannst dir gar nicht vorstellen, wie erleichtert ich bin. Ich fühle mich derart befreit: So als wäre der Schlüssel, mit dem ich meinen Laden abgeschlossen habe, gleichzeitig der Schlüssel, um die Ketten aufzuschließen, die ich mir in meiner Zeit als Unternehmer selbst angelegt habe. Jetzt erst spüre ich Freude und Stolz."

Schönes Bild, nicht wahr? Aber eigentlich ein trauriges: Vor lauter Druck, Sorgen und Selbstzweifel hatte er keine Chance, sein Unternehmersein im Kontext seines Unternehmens zu genießen. Vielleicht hätte es ihm geholfen, sich seine Benchmark bewusst zu machen, denn die hatte er schon längst erreicht.

Ganz wenige Unternehmer sehen für sich die Notwendigkeit, sich darüber Gedanken zu machen, welches Zeichen sie in der Welt setzen wollen. Das ist schade, denn sie forcieren damit nicht nur ihre eigene Unzufriedenheit. Sie forcieren auch Konflikte im Zusammenhang mit ihrer Nachfolge ...

Generation Anspruch?

Ein Unternehmer, der einst den Betrieb von seinen Eltern übernommen hatte und sich jetzt anschickt, ihn an seine Kinder weiterzugeben, beklagte sich im Gespräch mit mir: „Wenn ich damals solche Ansprüche angemeldet hätte, wie mein Sohn und meine Tochter jetzt an mich und die Firma, hätte mich mein Vater vom Hof gejagt!"

Das heißt, er vergleicht die Benchmarks seiner Kinder mit seinen eigenen. Die dritte Generation hat aber die erste mit ihren Benchmarks gar nicht mehr erlebt. Sie haben dementsprechend ganz andere im Kopf als die zweite Generation.

Welches Zeichen Sie setzen wollen, reguliert sich genau über diesen Mechanismus: Was für die eine Generation noch ein Riesenerfolg ist, ist für die nächste Standard. Sie sucht sich neue, ihre eigenen Zeichen. Doch jeder sieht die Ansprüche des anderen nur durch die eigene Brille. Sie reden auf höchstem Niveau aneinander vorbei. Die Konflikte sind vorprogrammiert.

Es ist von Haus aus ein dickes Brett, diese Ansprüche zu synchronisieren, wenn Sie eine gute Nachfolge hinkriegen wollen.

Doch wenn die beiden Seiten über diese unterschiedlichen Sichtweisen gar nicht erst reden können, bleiben sie dauerhaft in unterschiedlichen Welten unterwegs. Sie werden keine gemeinsame Ebene finden, auf der sie sich verständigen können.

So, das war also die eine der beiden Antworten auf die Frage, warum das Zeichen aus der Anfangszeit nicht mehr wahrnehmbar bleibt – und zwar die, die in der Person des Unternehmers ihre Begründung hat. Die zweite Antwort findet sich im Unternehmen …

Gestöpsel als Zeichen

Dem voraus geht, wie Sie als Unternehmer Ihre Benchmark ins Unternehmen tragen. Ich kenne viele Fälle, in denen der Unternehmer sich auf die Verkündung von Zielvereinbarungen beschränkt. Im Sinne von: „Wenn ihr so und so viel Umsatz macht, sind wir erfolgreich! Dann ist alles gut.“ Wenn es dabei bleibt, kommt es zu Situationen wie diesen: Ich frage einen Unternehmer im Sparring: „Was müsste passieren, dass ich als Mitarbeiter bei Ihnen hochkant rausfliege?“

Seine Antwort: „Hm, ja, nun, äh …“

So ein, pardon, Gestöpsel bekomme ich übrigens sehr häufig auf diese Frage zu hören.

In so einem Fall frage ich weiter: „Und wenn Sie diese Frage einem Ihrer Abteilungsleiter stellen, was würde der sagen?"

Antwort: „Tja, der würde wohl etwas ganz anderes sagen."

An solchen Antworten erkennen Sie, dass in einem Unternehmen über das Wozu, über das zu setzende Zeichen keine Klarheit herrscht – wenn noch nicht einmal eine so essenzielle Frage geklärt ist!

Allerdings braucht es auch mehr als eine oberflächliche Gleichung à la „Kundenwunsch" + „Produkt" + „finanzielle Eckdaten" = „Das sind wir", um diese Frage zu beantworten. Es genügt auch nicht, wenn Sie sich ein paar Werte auf die Fahne kleben und dazuschreiben „Wir müssen uns verbessern".

Nein, die Tiefe erhalten Sie erst, wenn Sie wirklich wissen, warum und wozu es Ihre Firma gibt, welches Zeichen Sie mit dem Unternehmen setzen wollen, und Sie sich das auch vor den Mitarbeitern ans Revers heften.

Denn der Kern, für den Sie mit Ihrem Unternehmen stehen wollen, kann noch so ausgefeilt und gut sein: Es versteht ihn keiner, wenn Sie ihn nicht verkörpern und verbreiten.

Der Partyeffekt

Solange Ihr Unternehmen noch klein ist, sagen wir mal mit unter zehn Mitarbeitern, und Sie täglich mit ihnen im gleichen Büro sitzen, können Sie Ihr Zeichen auch als reiner Überzeugungstaucher vermitteln. Denn Sie leben Ihre Werte und Ihr Wozu – falls Sie es schon gefunden haben – durch Ihr Verhalten automatisch vor. Sie können gar nicht anders, denn Sie sind Sie. Echt und unverstellt.

In den Anfängen meines Unternehmens haben sich die Mitarbeiter ganz automatisch an mir orientiert. Ich habe quasi ausgeatmet, was in meinen Augen das Besondere an dieser Firma ist. In dieser Konstellation kommt noch der Effekt zum Tragen, den Sie sicherlich von Partys kennen.

Wenn Sie auf eine Fete gehen und niemanden kennen, dann scannen Sie erst einmal das Geschehen: Wie gibt sich der Gastgeber? Wie verhalten sich die anderen Gäste?

Siezen oder duzen die sich? Stürzen sich alle sofort auf die bereitstehenden Salate oder warten die alle brav auf die Eröffnung des Buffets? ... allein durch solche Beobachtungen erfahren Sie, wie Sie sich auf dieser Party verhalten sollten, um nicht unangenehm aufzufallen. Für diese Erkenntnis haben Sie vorher kein Meeting besuchen und keinen Wertekatalog lesen müssen, Sie haben einfach Augen und Ohren aufgesperrt. Ein ganz normales soziales Verhalten.

Auch im Betrieb ist das so: Da orientiert sich der neue Azubi an dem vom dritten Lehrjahr. Und der Bewerber kommt zum zweiten Vorstellungsgespräch nicht mehr in Anzug und Krawatte, wenn er beim ersten Treffen bemerkt hat, dass keiner in der Firma sich so kleidet.

Doch ab einer bestimmten Größe verliert sich der Partyeffekt, den Sie als Unternehmer in Ihrem Unternehmen ausüben. Je größer die Firma wird, desto weniger sind Sie für alle Mitarbeiter sichtbar und desto weniger können diese sich an Ihnen orientieren. Dann kommt ein anderes „Stück“ zur Aufführung.

Das Stille-Post-Drama

Wenn Sie Glück haben, haben Ihre Mitarbeiter Ihre Zeichensetzung bereits so verinnerlicht, dass sie im Kern das, wofür Sie stehen, auf ihre Art ebenfalls vorleben. Doch wenn nicht oder aber Ihr Unternehmen noch weiter wächst, wird eine Gefahr immer größer: Ihr Partyeffekt wird vom Stille-Post-Drama überholt, denn durch die Vielzahl an Weitergaben von Mitarbeiter zu Mitarbeiter kommt Ihr Zeichen bis zur Unkenntlichkeit und von tausend Eigeninterpretationen entstellt beim Einzelnen an.

Zwar kann Ihre Firma trotz Stille-Post-Dramen noch eine Zeit lang erfolgreich wachsen, blühen und gedeihen – doch eines Tages werden Sie die Geschäftsräume betreten und sich denken – sei es, weil es kunterbunt zugeht oder Grabesstille herrscht –: „Verdammt, das fühlt sich irgendwie nicht mehr an wie mein Laden."

Dann sind Sie, überspitzt formuliert, zum Fremdkörper im eigenen Unternehmen geworden. Oder umgekehrt: Das Unternehmen ist zum Fremdkörper in Ihrem Leben geworden. Der Gastgeber hat die Party verlassen. Das geht meist nicht lange gut. Besonders dann nicht, wenn Sie selbst der Unternehmer und Gastgeber sind.

Wenn Sie auf diese Weise Ihre Identifikation mit und Ihre Risikobereitschaft für das Unternehmen verlieren, ist das der größtmögliche persönliche Kollateralschaden des Wachstums.

Doch so weit wollen es Unternehmer in der Regel nicht kommen lassen und werden aktiv. Allerdings auf eine Art, die gefährlich sein kann.

Entfremdungsreflex

In meinen Sparrings erlebe ich oft, dass, wenn das Gefühl der Fremdheit der eigenen Firma aufkommt, Unternehmer auf sehr typische Weise reflexhaft handeln: Sie mischen sich wieder verstärkt in das operative Geschäft ein und nehmen das Steuer betont hart in die Hand. Sie wollen unbedingt erreichen, dass die Mitarbeiter ihr Arbeitsethos wieder spüren und nachleben können.

Doch der Schuss muss nach hinten losgehen. Der Zusammenhang ist leichter zu verstehen, wenn Sie sich ein Diagramm mit einer X- und einer Y-Achse vorstellen. An der X-Achse steht „Strukturen und Prozesse“ und an der Y-Achse „Sinngehalt und Leidenschaft“. Die Fläche, die entsteht, teilen Sie in vier Quadranten.

Im Quadrant links unten, wo also weder der Sinn noch die Prozesse weit entwickelt sind, steht „Macht“: Eine solche Organisation funktioniert über Befehlsketten, Mitdenken überflüssig.

Links oben, wo der Sinn großgeschrieben ist, die Prozesse aber fehlen, steht „Start-up“. Hier hat der Gründer eine sinnvolle Geschäftsidee, er verkörpert diese persönlich. Allen Beteiligten ist klar, dass noch keiner so recht weiß, wie das Ganze eigentlich gehen soll. Sie folgen einfach der Begeisterung des Gründers.

Rechts unten sind die Prozesse super, aber der Sinn wenig ausgeprägt: In diesem Quadranten regiert das „Management“.

Rechts oben, wo der Sinngehalt groß und die Prozesse klar sind, steht etwas, das Sie vielleicht überraschen mag. Da steht „Gute Unternehmenskultur“.

Eine junge Firma befindet sich also in der Regel zu Beginn im Quadranten links oben, wo der Gründer den Sinngehalt hochhält. Doch dann wächst das Unternehmen und es wird zunehmend schwierig, den Sinn noch für alle transparent zu halten. Die „Professionalisierungsfalle“ öffnet sich.

Die Firma rutscht mehr und mehr in den Quadranten des „Managements“: Die Prozesse werden besser, aber der wahrnehmbare Sinngehalt nimmt ab. Ist das Management nicht in der Lage, Top-Prozesse zu initiieren, rutscht die Organisation sogar in den Macht-Quadranten links unten ab. Misstrauen entsteht und schafft Entscheidungsnadelöhre – das macht das Arbeiten langsam und uncool. Der Unternehmer spürt, dass es nicht mehr so läuft wie zu Beginn, und will daran etwas ändern.

Steckt er seine Energie reflexhaft in das operative Geschäft, werden vielleicht kurzfristig die Prozesse besser und auch der Sinn wird erst mal wieder deutlicher kommuniziert: Aber am Problem ändert sich nichts. Der einzige Effekt ist, dass der Unternehmer sich mit operativer Arbeit heillos überlastet.

Doch was soll er tun? Der Unternehmer kann für seine Mitarbeiter nicht mehr so allgegenwärtig und präsent sein wie in den Anfangsjahren. Die rein intuitive Übertragung der eigenen Werte via Partyeffekt funktioniert nicht mehr.

In diesem Fall brauchen Sie als Unternehmer ein anderes Mittel, um Ihr Zeichen in das Unternehmen zu tragen.

Mehr denn je brauchen Sie Klarheit über Ihre Grundidee, Ihre Philosophie, Ihre Mission, Ihre Vision – nur dann können Sie sie ins Unternehmen tragen.

Das klingt so einfach, doch diese Basics für Ihr Unternehmen zu definieren, ist harte Arbeit.

Wörterbuch-Werte

Diese Definition ist nichts, was Sie mal eben in zwei Tagen hinschreiben. Sie kennen sicherlich die unsäglichen Plakate, die in so vielen Unternehmen in jedem Büroraum hängen – oder hingen: „Wir bei XYZ sind die Besten und tragen diese sieben Werte in uns: fair, ambitioniert, respektvoll, tolerant …“

Wenn Sie sich auf solche Aushänge verlassen, ist das, als würden Sie Ihren Mitarbeitern verkünden: „Morgen Nachmittag treffen wir uns zum Ballsport“. Doch was passiert dann? Ein Mitarbeiter sieht den schönen Rasen vor der Tür und nimmt seinen Golfschläger mit. Der nächste stellt sich auf Volleyball ein und der dritte auf Handball. Und das Hallo ist groß, wenn am nächsten Tag die restlichen 19 Spielwilligen krähen:

„Ey, wir spielen hier Fußball, ihr Vögel!" Beim Begriff Ballsport kann sich nun mal jeder seinen Teil denken.

Wenn die Suche nach dem Unternehmenskern derart an der Oberfläche bleibt, sorgt das nicht nur für Verwirrung in der Firma, sondern wird auch für den Unternehmer persönlich unbefriedigend. Mir ist zumindest keiner bekannt, der sich bei seinem Einstieg ins Unternehmersein ein Wörterbuch geschnappt hat und sich die Adjektive herausgesucht hat, die am schönsten klingen: „Wir sind fair, ambitioniert, tolerant ..."

Nein, Ihr Zeichen zu ergründen, ist ein echter Deep-Dive, doch der lohnt sich.

Wissen, wer wir sind

Ich hatte einmal ein Sparring mit zwei geschäftsführenden Gesellschaftern. Der eine war ein eher nüchterner Zahlenmensch und dementsprechend einem weichen Thema wie der Definition eines Markenkerns für das Unternehmen gegenüber kritisch eingestellt. „Das ist doch Zeitverschwendung", meinte er zu Beginn. Doch der andere Partner bestand darauf.

Irgendwann waren sie so weit und hatten die Identität ihres Unternehmens gefunden – daraufhin sagte der Kritiker: „Wow, jetzt wissen wir endlich, wer wir sind.“ Und ich dachte bei mir: ‚Was für ein tolles Feedback!‘

Die beiden bauten um den gefundenen Kern herum Leitplanken und Orientierungshilfen, nach denen sich die Mitarbeiter sinnvoll richten können. Und nicht nur die, denn die beiden berichteten mir später: „Wenn man weiß, wer man ist, fallen viele Entscheidungen leichter.“

Ingvar Kamprad, dem Gründer von IKEA, gelang diese Verbindung seiner Grundidee, seines eigenen Anspruchs zu einer Vision extrem gut. Der Anspruch, den er seiner Firma mitgab, lautete sinngemäß: den Alltag möglichst vieler Menschen verbessern. Dementsprechend definierte er drei Säulen für sein Geschäftsmodell: günstige Preise, Vielfalt und ein gutes Design. Daran konnten und können sich die Kunden und Mitarbeiter orientieren.

Um dieses Zeichen, das er mit IKEA in die Welt tragen wollte, zu vermitteln, formulierte Ingvar Kamprad nicht sieben Seiten sorgfältig ausformulierte Prosa. Er beschränkte sich auf die einfache, aber wesentliche Meta-Botschaft der drei Säulen.

Ich habe den 2018 verstorbenen Schweden zwar nicht persönlich gekannt, aber es würde mich stark wundern, wenn er sich mit diesen drei Säulen von IKEA nicht auch höchstpersönlich identifiziert hätte – und der Erfolg seines Geschäftsmodells dürfte ihm ein hohes Maß an Zufriedenheit beschert haben. Dass er dadurch auch noch mehrfacher Milliardär wurde, war für ihn vielleicht nur ein netter Nebeneffekt.

Gewiss, wenn Sie Ihr Zeichen (wieder) gefunden haben, macht Sie das noch lange nicht zum Multimilliardär. Was Ihre erfolgreiche Wiederentdeckung auf jeden Fall bewirkt, ist, dass Sie es sich – und auch allen anderen – immer wieder bewusst machen können und Ihre Freiheit als Unternehmer nutzen, es auch zu verwirklichen.

Apropos, Freiheit. Was für ein zentrales Unternehmerthema …

8 LUFT BEKOM-MEN

Eines der wichtigsten Grundmotive, warum Unternehmer Unternehmer sein wollen, ist Freiheit. Den wenigsten geht es dabei um die Marlboro-Romantik-Freiheit eines Cowboys, die meisten haben unternehmerische Anliegen: Die einen lieben die Idee, ab jetzt nie mehr die Entscheidungen eines Chefs ausführen zu müssen, sondern nur noch die eigenen. Die anderen sind fasziniert von dem Gedanken, keinem mehr Rechenschaft schuldig zu sein, wann und wo sie arbeiten. Die dritten finden es cool, dass sie frei sind, zu entscheiden, wie und wohin sich ihr Unternehmen entwickelt.

Ich weiß nicht, zu welcher Gruppe Sie sich zählen – und im Grunde genommen ist das auch nicht so wichtig. Im Kern geht es nämlich immer um Ihre Sehnsucht danach, endlich frei atmen zu können. Und die Selbstständigkeit gibt Ihnen dieses großartige Gefühl. Zumindest am Anfang …

Wenn „es" passiert

Die meisten können gar keinen genauen Zeitpunkt festmachen, an dem „es" passiert, doch früher oder später stellt sich bei allen Unternehmern Ernüchterung ein. Ja, sie haben auf der einen Seite Freiheiten gegenüber früher gewonnen, aber sie stellen mehr oder weniger überrascht fest, dass diese Freiheiten sie auf einer anderen Seite in ihrer Freiheit einschränken. Oder wissen Sie noch, wann Sie zum ersten Mal so richtig schmerzhaft zu spüren bekommen haben, dass die Freiheiten, die Ihnen das Unternehmersein gebracht hat, ihren Preis haben? Vielleicht als Sie wegen eines großen Auftrags, der Sie über Monate rund um die Uhr beschäftigt hat, aus Ihrer Feierabend-Fußballmannschaft geflogen sind? Oder als Sie nächtelang nicht schlafen konnten, weil Sie nicht wussten, wie Sie Ihren Kindern beibringen, dass Sie nun doch nicht mit in den gemeinsamen Urlaub fahren können, weil Sie gebraucht werden?

Jedenfalls haben Sie gemerkt: Ihre unternehmerische Freiheit hat Kosten. Sie dürfen nicht nur, Sie müssen auch. Und diese Kosten wiegen Ihren Gewinn nicht immer auf, mal senkt sich die Waage zu der einen, mal zu der anderen Seite. Mal macht Ihnen eine Einschränkung je nach Situation und Lebensphase weniger aus – oft genug aber auch mehr.

Und wenn dieses „Mehr" gefühlt immer häufiger und schwerer auftritt, wird es riskant: Denn wenn bei Ihnen über längere Zeit die gefühlten Einschränkungen schmerzhaft überwiegen, vermiesen Sie sich Ihre Freude am Unternehmersein gründlich. Schließlich machen Sie täglich die Erfahrung, dass Sie Ihren Wunsch nach diesem ersehnten Freiheitsgefühl teuer bezahlen – zu teuer.

Dabei machen Sie sich ja nichts vor. Sie wissen sehr genau: Vollkommene Freiheit ist eine Illusion, auch für Unternehmer. Es gibt immer einen Preis und das ist auch in Ordnung. Nur darf der Preis nicht zu hoch sein. Sie brauchen ein Gleichgewicht, das sich gut für Sie anfühlt. Dann erst können Sie richtig genießen, was Ihnen das Abenteuer Unternehmen bietet.

Dann kann es zum Hochgenuss werden.

Das ist wie beim Tauchen. Beim Tauchen? Ja, denn unter Wasser habe ich ein Pendant zu diesem Gleichgewicht der Freiheiten gefunden, das sich überraschend ähnlich anfühlt ...

Korken oder Stein?

Ich hatte es schon erwähnt: Eine große Herausforderung beim Tauchen ist es, dass Sie mit der Veränderung des Umgebungsdrucks klarkommen müssen. Der Normaldruck an der Erdoberfläche beträgt rund 1 bar. Darauf sind Sie und ich „ausgelegt", bei diesem Druck funktioniert unser Körper wunderbar.

Wenn Sie sich nun in die Tiefe des Wassers hinablassen, steigt der Umgebungsdruck an: jeden Meter um rund 0,1 bar. In zehn Meter Meerestiefe wirken auf Sie als schon 2 bar ein – doppelt so viel wie normal. Und mit jedem Meter wird es mehr. Das hat nicht nur erhebliche Auswirkungen auf Ihre Ohren und die Atemluft, die Sie dabeihaben, sondern auch darauf, wie schnell Sie im Wasser absinken.

Denn wenn Sie mit Ihrer ganzen Tauchausrüstung ins Wasser springen, sinken Sie erst einmal gar nicht ab. Das Neopren des Anzugs, Ihr Körper und die Luft in Ihrer Flasche sorgen für so viel Auftrieb, dass dieser den Abtrieb, der durch das Gewicht Ihres Körpers und der Ausrüstung verursacht wird, fast aufhebt. Sie schwimmen wie ein Korken an der Wasseroberfläche. Schwimmen Sie nun absichtlich nach unten, wird Luft in Körper und Flasche von dem steigenden Umgebungsdruck mit jedem Meter, den Sie tiefer gehen, stärker zusammengedrückt. Damit sinkt deren Volumen, Ihr Auftrieb nimmt ab. Also wirkt dem Abtrieb weniger entgegen, der kommt mehr und mehr zum Tragen. Sie sinken immer schneller und schneller ab, bis Sie irgendwann wie ein Stein nach unten sausen – außer Sie tun etwas dagegen.

Zielzustand Schweben

Tauchen ist von dem Moment an, in dem Sie in das Element Wasser eintreten, ein ausgeklügeltes Spiel mit Auftrieb und Abtrieb. Dieses Spiel hat auch einen Namen: Es heißt Tarieren. Ihr Ziel als Taucher ist, Auf- und Abtrieb so ins Gleichgewicht zu bringen, dass Sie weder fallen noch steigen.

Dass Sie also quasi im Wasser schweben, so wie es Fische ständig tun. Sie haben ein Gefühl von Schwerelosigkeit.

Bei Fischen sieht das komplett selbstverständlich aus. Deshalb habe ich mir – bevor ich mit dem Tauchen angefangen habe – nie Gedanken darüber gemacht, wie sie das tun und dass sie überhaupt etwas dafür tun müssen. Jetzt weiß ich es. Die meisten Fische regeln ihren Auf- und Abtrieb über ihre Schwimmblase, die sie füllen oder eben entleeren können.

Als Taucher muss ich mir anders helfen. Erstens trage ich kleine Bleiplatten an einem Gürtel oder einer Weste am Körper, ich bin „bebleit“. Dieses Blei hilft mir, um überhaupt die ersten Meter hinunterzukommen – gegen den Auftrieb.

Zweitens trage ich ein Tarierjacket, das wie eine Weste aussieht und das ich mit Luft aufblasen kann. Mehr Luft bedeutet mehr Auftrieb und umgekehrt. Zu Beginn ist dieses Jacket deshalb komplett luftleer. Erst ab einigen Metern Tiefe fange ich an, etwas Luft in mein Jacket zu lassen. Schließlich will ich ja nicht irgendwann unkontrolliert in die Tiefe sausen.

Mit dem Blei und dem Jacket sorgen Sie als Taucher also dafür, dass Sie immer den richtigen Ausgleich zwischen Abtrieb und Auftrieb haben. Wie viel Sie von dem einen oder anderen jeweils brauchen? Das kommt ganz darauf an …

Nicht zu viel und nicht zu wenig

Je nachdem, an welchem Spot Sie tauchen, ob Sie in Süß- oder Salzwasser tauchen, auf welcher Tiefe Sie sich befinden: Wie Sie im Detail tarieren, können Sie nur vor Ort im Wasser in genau dem Moment spüren. Im Hier und Jetzt. Einen genauen Plan kann Ihnen keiner geben. Zwar können Sie in der Vorbereitung Ihres Tauchgangs ungefähr abschätzen, wie viel Blei Sie zum Beispiel mitnehmen sollten. Mehr aber nicht. Den Rest müssen Sie während des Tauchgangs selbst hinkriegen. Und wie das geht, müssen Sie eben lernen und üben.

Denn dieses Austarieren ist gar nicht so leicht: Als Anfänger sind Sie praktisch nur damit beschäftigt. Ich weiß noch, dass ich die ersten Tauchgänge kaum etwas von meiner Umgebung mitbekommen habe.

Ich musste mich voll und ganz darauf konzentrieren, nicht abwechselnd mal nach oben zu schießen, weil ich zu viel Luft ins Jacket gepumpt habe, oder nach unten zu fallen, weil ich zu viel rausgelassen habe. Es war ein einziger Kampf mit dem Equipment.

Warum erzähle ich Ihnen nun all dieses Zeug rund um das Tarieren? Was ist der Zusammenhang mit der Freiheit, die Sie in Ihrem Unternehmersein genießen wollen?

Der Zustand höchstmöglicher Freiheit

Zum ersten Mal erlebt habe ich diesen Zusammenhang bei meinem fünfzehnten oder zwanzigsten Tauchgang: Ich hatte mein Equipment inzwischen ausreichend gut im Griff, damit ich diesen Zustand des Austariertseins erreichen konnte. Das heißt, ich sank nicht, ich stieg nicht – ich schwebte in gefühlter Schwerelosigkeit im Wasser. Ich war ganz ruhig, denn ich musste nicht mehr hektisch daran arbeiten, mehr oder weniger Auftrieb zu bekommen. Keiner laberte mich voll, denn da unten ist die Kommunikation extrem eingeschränkt. Ich spürte, dass ich ganz bei mir war. Ich war im Gleichgewicht. Ich konnte einfach sein.

Und in diesem Zustand war ich das allererste Mal in der Lage, das Tauchen so richtig zu genießen. Ich konnte das tun, zu was ich eigentlich angetreten war: Staunend die Unterwasserwelt erkunden – das Riff, die Tiere, die Pflanzenwelt. Es war einfach wunderbar.

Zum ersten Mal konnte ich auch ein Phänomen beobachten, das ich bis dahin nur vom Hörensagen kannte: Wenn Sie austariert sind, können Sie sich in alle Richtungen drehen – so als seien Sie schwerelos. Sie können sich auch aus der üblichen Tauchhaltung – also Bauch nach unten, fast waagerecht zum Untergrund – um 180 Grad um die eigene Achse drehen und nach oben schauen. Sie sehen die Wasseroberfläche von unten. Diesen Anblick finde ich überwältigend. Wenn dann auch noch die Sonne sich im Wasser über mir bricht und ich die Blubberblasen meiner eigenen Atemluft nach oben steigen sehe, ist alles einfach nur wow!

Seither lässt mich die Sehnsucht nach diesem Gefühl der Austariertheit nicht mehr los: Es ist für mich der Inbegriff des Gleichgewichts zwischen den Dingen, die mir Auftrieb und Abtrieb geben. Zwischen Geben und Nehmen. Zwischen Dürfen und Müssen. Ein Zustand höchstmöglicher Freiheit.

Was für mich jedoch das Allergrößte ist: Ich habe gelernt, dieses Gefühl des Gleichgewichts vom Element Wasser auf die anderen Elemente, in denen ich mich bewege, zu übertragen. Ich weiß jetzt, wie sich Austariertheit anfühlt, und kann an meinen Stellschrauben drehen, um da hinzukommen.

Austariertsein im Kontext Unternehmen zum Beispiel hat für mich viel mit Ruhe zu tun: Ich bin nicht angespannt oder verkrampft, sondern locker. Ich bin präsent und voll auf Empfang. Gleichzeitig lege ich nicht jedes Wort auf die Goldwaage – vielleicht staune oder wundere ich mich, aber ich ärgere mich nicht gleich.

Ich bin ganz bei mir, ohne den Blick für die anderen zu verlieren. In mir herrscht eine entspannte Gewissheit: Egal, was um die Ecke kommt, ich werde es mit meinen Leuten schaffen. Ich kann das Unternehmersein genießen, denn ich bin austariert.

Gleichgewichtsmaßnahmen

Ich kenne also diesen Zustand und kann mich immer beobachten: Wie weit bin ich gerade davon entfernt?

Wenn ich merke, dass ich in einer Situation oder einen längeren Zeitraum weit weg davon bin, dann ergreife ich die Maßnahmen, von denen ich inzwischen weiß, dass sie mich wieder ins Gleichgewicht bringen.

Für mich gehört dazu zum Beispiel, dass ich meine Sichtweisen reflektiere. Wir Unternehmer stehen ja ständig im Spannungsfeld zwischen Dürfen und Müssen: Jede Firma produziert nicht nur Freiraum für Gestaltung, sondern auch Kosten. Ein Stück weit sind wir also dazu „verdammt", erfolgreich zu sein. Bei aller Liebe geht es auch darum, sich den finanziellen Notwendigkeiten zu stellen, denn Umsetzen hat immer auch etwas mit Umsatz zu tun.

Sehe ich in dieser Notwendigkeit ein „Müssen", fühle ich mich ganz schnell in meiner unternehmerischen Freiheit abgewürgt. Ich kann mir aber die Freiheit nehmen, diese Rahmenbedingungen anders zu werten: Ich kann sie als *part of the game* akzeptieren, die mein Spielfeld abstecken. Innerhalb dieses Spielfelds bin ich weiterhin frei. Wenn Sie jetzt einwenden würden: „Das kommt doch auf dasselbe hinaus", würde ich Ihnen antworten: „Für mich nicht. Es fühlt sich für mich ganz anders an." Für mich funktioniert diese Maßnahme, um mich auszutarieren.

Welche Maßnahme Sie ergreifen müssen, um zu diesem Gleichgewicht zu kommen, kann ich Ihnen nicht sagen – das muss jeder für sich selbst herausfinden. Was für Sie funktioniert, können nur Sie ausprobieren.

Ich will Sie nur ermutigen, dass Sie sich auf die Suche nach diesem Gefühl der Austariertheit machen und dann Ihre Stellschrauben finden, wie Sie in Ihren Kontexten zu diesem Zustand kommen. Probieren Sie aus, welches „Equipment" Sie dafür brauchen, und trainieren Sie bewusst: Übung macht auch beim Tarieren den Meister. Damit tarieren Sie auch die Freiheiten so aus, dass auf keiner Seite eine Einschränkung schmerzlich an Ihnen zerrt. Dieses Gleichgewicht kann nur gut für Sie sein.

Ausgleichend

Ein befreundeter Unternehmer fragte mich einmal: „Ich will so zehn Kilo abnehmen. Ich fühle mich zu dick. Wie meinst du, soll ich das angehen?"

Ich antwortete ihm: „Ich finde es super, dass du abnehmen willst. Das ist sicher auch gesund. Aber ich habe eigentlich nicht den Eindruck, dass du dich schlecht fühlst."

Er schaut mich kurz an, dann geht ein Grinsen über sein Gesicht: „Nö, schlecht geht es mir nicht. Im Gegenteil."

Ich grinse zurück: „Weißt du, was wichtiger ist als dein Idealgewicht?"

Er wartet gespannt.

Ich: „Dein Gleichgewicht."

Und wir lachten beide. Diese Antwort ist für mich zu einem geflügelten Wort geworden, das ich jedem mitgebe, der mit seinem Körper unzufrieden ist. Das wirkt regelmäßig sehr ausgleichend. Körperliche Fitness ist super, aber ohne mentale Fitness geht es erst recht nicht.

Diesen Ausgleich brauchen Sie auch als Unternehmer, denn ansonsten setzen Sie sich einer weiteren Gefahr aus. Selbst oder gerade wenn Sie erfolgreich sind. Beim Tauchen nennen wir das den Tiefenrausch.

Wahnsinn!

So ein Rausch tritt auf, wenn Sie so tief tauchen, dass der Sauerstoffgehalt in Ihrer Pressluftflasche wegen des hohen Umgebungsdrucks sinkt und dadurch der relative Stickstoffanteil der Atemluft in Ihrer Flasche ansteigt. Sie atmen diese Luft weiter ein, erwischen damit aber eben zu viel Stickstoff. Sie selbst bemerken das gar nicht sofort, aber Ihr Blick verändert sich. Genauso wie Ihre Empfindungen. Sie werden von einer Euphorie erfasst, werfen alle Vorsicht über Bord und wollen nur tiefer und noch tiefer. Sie befinden sich tatsächlich in einem Rausch.

Dem erfolgreichen Unternehmer, der die Gefahr nicht kennt, geht es genauso. Die Firma wächst, die Zahlen sind toll, der wirtschaftliche Erfolg überwältigend – wie der Taucher im Tiefenrausch starrt der Unternehmer wie gebannt auf den Tiefenmesser bzw. seine Zahlen: „Boah, ey schon bei 43 Metern. Wow, jetzt sind es schon 45. Wahnsinn!“ Und vor lauter Begeisterung übersieht er jegliches Warnsignal.

Sind Sie dagegen ausgeglichen, behalten Sie mit kühlem Kopf nicht nur den Tiefenmesser im Blick, sondern auch den Gefahrenmoment: Ihnen ist bewusst, dass Sie körperlich und mental fit genug sein und bleiben müssen, um das, was Sie tun und erreichen möchten, auch dauerhaft bewältigen zu können. Diese Vorsichtsmaßnahmen verlieren Unternehmer sehr oft aus dem Blick, wenn sie im Hamsterrad rennen und ganz weit weg von ihrem Gleichgewicht sind.

Mit diesem Bewusstsein, dass Sie auf sich und Ihre Austarierung achten müssen, tun Sie nicht nur sich selbst etwas Gutes ...

Vorbilder helfen

Eine der Hauptaufgaben eines Unternehmers ist, seiner Mannschaft ein Spielfeld zu gestalten, auf dem sie ihre Aufgaben bestmöglich erledigen können. Mein Eindruck ist: In turbulenten Zeiten ist es schon mehr als die halbe Miete, wenn es mir gelingt, austariert zu bleiben. So sehen meine Leute: „Ja, hier brennt die Hütte, aber der Chef bleibt cool. Dann werden wir das wohl hinkriegen. Keine Panik auf der Titanic." Meine Ruhe gibt ihnen die Ruhe, ihr Bestes zu geben, statt hektisch zu werden.

Es ging mir als Tauchanfänger ja nicht anders: Die ersten zwanzig, dreißig Tauchgänge hatte ich das Bedürfnis, mit einem möglichst erfahrenen Tauchguide auf Tour zu gehen.

Ich hatte das Gefühl, an seiner Seite abgesichert zu sein, weil er so genau wusste, was zu tun war – das war toll. Ich konnte mir ihn als Vorbild nehmen. So wie Mitarbeiter sich einen Chef zum Vorbild nehmen, der Sicherheit ausstrahlt.

Ich glaube auch, dass Unternehmer Vorbilder brauchen, die ihnen die Sicherheit und das Vertrauen vermitteln, das sie dann an ihre Leute weitergeben können. Viele Unternehmer haben solche Vorbilder auch, selbst wenn sie vielleicht nicht darüber reden.

Ein Spruch sagt: „Der erste Schritt, der zu werden, der du sein willst, ist ab sofort so zu tun, als wärest du es schon." In diesem Sinne sind Vorbilder nichts anderes als ein Instrument zur Selbstführung. Und das ist nun mal bei Unternehmern so: Wer anderes sonst sollte Sie führen als Sie selbst?

Ausgleichselement

Ein Teil der Wahrheit ist auch, dass Sie in dieser Selbstgeführtheit und Selbstverantwortung auch häufig einsam sind. Schließlich stehen Sie oft genug mit dem Rücken zur Wand, besonders wenn Sie mit Haus und Hof haften.

Sie tragen jede Entscheidung in Ihrem Unternehmen mit, zumindest indirekt, denn Sie stehen für die Konsequenzen gerade. Das ist ein Wahnsinnsdruck, der auch dadurch nicht besser wird, wenn weder Ihre Geschäftsführer noch Ihre Mitarbeiter Sie dafür wertschätzen: Die denken, dass das ja „normal" ist. Es passt also niemand auf Sie auf. Das müssen Sie selbst tun.

Dazu gehört auch, dass Sie sich in Ihrem Gefühl, allein zu sein, erkennen, und für den Ausgleich sorgen, der Sie im Gleichgewicht hält – und sei es über ein anderes Element, einen anderen Kontext als den des Unternehmens.

Denn Ihr Leben als Unternehmer – ganz unabhängig davon wie viele Stunden Sie arbeiten – findet nicht nur in Ihrer Firma statt. Hoffentlich zumindest, denn sonst wird es für Sie schwerer, den Ausgleich zu finden. Ich vergleiche das mit Tauchern: Selbst erfahrene Taucher bleiben stets angespannt, solange sie sich im Element Wasser bewegen – ganz so, wie Unternehmer in ihrem Element Unternehmen ständig unter Druck und auf Habachtstellung sind. Doch die Taucher haben einen Vorteil.

Sobald der Tauchgang beendet und der Taucher wieder sicher an Bord oder an Land ist, kann er sich entspannen: keine unbekannten Gefahren mehr, keine Abhängigkeit vom Equipment, alles vertraut.

Er ist in einem Element, in dem er den Ausgleich zu seiner Anspannung unter Wasser findet. Wenn Sie als Unternehmer neben Ihrer Firma kein Element zum Ausgleich besitzen, dann kommen Sie nie zum Auftauchen. Sondern bleiben stets in der Anspannung, weil Ihnen in diesem Element jederzeit eine böse Überraschung begegnen kann – Sie fühlen sich nie sicher.

Ein anderer Teil der Wahrheit beim Austariertsein: So wie Sie Ihr Gleichgewicht austariert haben, ist es immer nur für den Moment.

Unwägbarkeit Leben

Lebensumstände und -gewohnheiten verändern sich bei jedem Menschen über die Jahre hinweg. Dass das so ist, weiß theoretisch jeder. Wie genau seine Veränderung aussieht, erfährt in der Praxis jeder erst mit der Zeit. Das gehört zu den Unwägbarkeiten, die nicht nur Unternehmern begegnen.

So hat einer meiner Sparringspartner seine Firma gegründet, als er Mitte 20 war. Das Unternehmen war sprichwörtlich sein Baby, für das er ohne mit der Wimper zu zucken 80 Stunden pro Woche arbeitete.

Ihm hat das richtig viel Spaß gemacht, seine unternehmerische Freiheit auf die Art und Weise auszuleben! Dafür machte er gerne Abstriche bei Freunden und Familie. Er wusste einfach, was er wollte. Aber irgendwann erwischte es ihn doch. Sehr schön sogar. Der Unternehmer heiratete.

Die frisch Angetraute allerdings brachte „Ansprüche" mit in die Ehe. Nicht in dem Sinne von Porsche, Champagner oder Shopping-Touren, nein, sie fragte schlicht immer wieder: „Wollen wir heute Abend nicht mal etwas gemeinsam unternehmen?"

Die neue Lebenssituation war für meinen Sparringspartner eine einschneidende Umstellung, die „Einstellungen", die ihn früher im Gleichgewicht gehalten hatten, funktionierten nicht mehr. Sosehr er seine Ehe und bald auch das erste Kind in seinem Leben begrüßte: Der Unternehmer brauchte längere Zeit, um wieder ein Gleichgewicht für alle seine Lebensbereiche und Freiheiten zu finden.

Für Sie als Unternehmer gibt es potenziell jeden Tag Ereignisse, die Sie aus Ihrem Gleichgewicht bringen können.

Vorbereitung ist alles

Ein wichtiger Mitarbeiter kündigt? Ein großer Kunde springt ab? Sie können die Gehälter nicht bezahlen? Sie erkranken selbst, weil Sie sich zu hohem Stress ausgesetzt haben? Ganz gleich, ob Sie diese Ereignisse selbst verursacht haben oder ob sie extern über Sie hereingebrochen sind: Sie brauchen für diese Unwägbarkeiten des Lebens keinen exakten Plan – wie auch, Sie können es ja nicht vorher wissen. Was Ihnen aber hilft, ist, dass Sie zumindest eine Idee haben, wie Sie reagieren könnten.

Wie beim Unternehmersein gibt es auch beim Tauchen viele Umstände, deren Eintreffen Sie nicht exakt voraussagen können. Sie können sich aber vorbereiten: Sie erkundigen sich nach den Strömungsverhältnissen, Sie stellen sich auf die Wassertemperatur ein und so weiter. Und Sie lernen, was Sie in Notfallsituationen tun können, wenn Ihnen zum Beispiel die Luft knapp wird, Ihnen ein Hai begegnet oder Sie Abstimmungsprobleme mit dem Buddy haben. Der Unterschied zwischen einem erfahrenen und einem unerfahrenen Scuba-Diver ist in der Regel nicht das Equipment, sondern vor allem das Wissen und die Übung, wie Sie in solchen Momenten reagieren. Das versetzt Sie überhaupt erst in die Lage, Notfälle zu meistern:

Ruhe bewahren. Atmen. Keine Panik. Denken. Tarieren. Handeln.

Damit verhindern Sie nicht, dass Notsituationen entstehen. Aber die Wahrscheinlichkeit, dass Sie im austarierten Zustand besser mit dem Ereignis umgehen können, ist ungleich größer.

Deshalb ist Vorbereitung für mich sowohl beim Tauchen als auch beim Unternehmersein elementar! Ja, ich würde sagen, dass jede der Aktionen, die Sie bei beiden zu meistern haben, zum weitaus größten Teil aus Vorbereitung besteht – die Dynamik aus der Situation heraus macht dann nur noch einen kleinen Teil aus.

Die Notwendigkeit der Vorbereitung ist beim Tauchen ziemlich offensichtlich …

Das Drumherum und die Freiheit

Für einen Tauchgang müssen Sie den Spot mit Bedacht wählen, das ganze Equipment vorbereiten, beim Briefing des Guides gut zuhören, sich mit Ihrem Buddy absprechen und so weiter.

Das alles ist zu tun, bis es endlich unter Wasser geht. Aber wenn Sie gedacht haben, dass damit das Drumherum abgeschlossen ist, haben Sie sich getäuscht.

Nein, wenn Sie nach dem Tauchgang wieder an Bord sind, beginnt die Nachbereitung. Sie ziehen Ihre Ausrüstung aus und spülen sie, duschen und setzen sich dann mit Ihrem Buddy für das Debriefing hin. Sie tauschen sich aus, notieren alles Wichtige in Ihrem Logbuch und reflektieren Ihren Tauchgang: Was hast du gesehen? Was war gut? Was nicht? Was lerne ich für das nächste Mal daraus? Mit dieser Nachbereitung schaffen Sie die Voraussetzungen dafür, dass Ihr nächster Tauchgang noch besser wird.

Seit ich tauche, ist mir die Bedeutung der Nachbereitung der „Abenteuer", die ich wage, erst richtig bewusst geworden. Und ich frage mich seither, warum Unternehmer sich in ihrer Firma so selten Zeit für diese Nachbereitung nehmen, die auch schon Vorbereitung für das nächste Mal ist.

Ich denke, dass beim Scuba-Diving Vor- und Nachbereitung auch deshalb so viel ernster genommen wird als im Unternehmenskontext, weil Taucher ihr Equipment buchstäblich vor Augen haben. Sie sehen ihren Atemregler und wissen: „Wenn ich den nach dem Tauchgang nicht richtig spüle, werden sich Salzkristalle ansetzen und womöglich beim nächsten Mal meine Luftversorgung gefährden." Taucher begreifen so, dass die Nachbereitung überlebenswichtig ist – und gehen auch die „unsichtbaren" Parts wie die Reflexion konsequenter an.

Im Unternehmen sind die Vor- und Nachbereitung ebenfalls enorm wichtig, damit Sie gut vorbereitet der nächsten Unwägbarkeit begegnen und Ihre Tarierung bestmöglich hinkriegen. Doch Sie haben keine Ausrüstung vor Augen. Sie müssen sich die Notwendigkeit immer wieder selbst bewusst machen. Tun Sie das nicht, fällt dieses scheinbare „Drumherum" halt eben unter den Tisch. Und Sie müssen beim nächsten Mal wieder schwer um Ihr Austariertsein kämpfen.

Wenn Sie als Unternehmer mit dem Wunsch nach Freiheit gestartet sind, ist Ihnen der Genuss Ihres Unternehmerseins vielleicht genau deswegen flöten gegangen: Weil Sie noch nicht den Weg gefunden haben, wie Sie sich richtig austarieren.

Dabei besitzen Sie als Unternehmer die Freiheit, Ihre Freiheiten in den verschiedenen Kontexten zu gestalten. Und wenn Ihnen erst bewusst wird, dass Sie es können, dann werden Sie auch herausfinden, wie Sie …

9 COUS-TEAU WERDEN

Preisfrage: Wer war Jacques-Yves Cousteau?

Bevor Sie bei Wikipedia nachschlagen müssen, weil er Ihnen kein Begriff mehr ist: Cousteau war ein Pionier der Meeresforschung. Weltweit bekannt wurde er durch seine Unterwasser-Filme, mit denen er die breite Öffentlichkeit auf diesen weitgehend unbekannten Kosmos in der Tiefe aufmerksam machte. Noch heute, mehr als zwanzig Jahre nach seinem Tod 1997, steht sein Name für Tauchabenteuer, Entdeckungen und den Respekt für einen Lebensraum, der auf der Erde mehr als 90 Prozent ausmacht und doch in seiner Bedeutung so unterschätzt wird.

Nicht nur weil ich selbst tauche, fasziniert mich Cousteau bis heute. Sein Name steht für mich für drei Facetten einer persönlichen Entwicklung, die Unternehmer an- und auch umtreiben – ob von Anfang an oder ab einem gewissen Stadium ihrer Unternehmerlaufbahn. Ich nenne diese drei Facetten den Cousteau-Moment, den Cousteau-Effekt und die Cousteau-Mission.

Facette 1: Der Cousteau-Moment

Wie diese erste Facette sich äußert, davon haben Sie bereits ganz zu Beginn dieses Buches lesen können: Da saß ein gestandener Unternehmer an seinem Schreibtisch und war irritiert …

Ich kann Ihnen diese Geschichte quasi aus erster Hand erzählen, weil dieser Unternehmer, den ich im Prolog dieses Buches Michael Schneider genannt habe, sie mir bei einer unserer Sparringtermine selbst hautnah schilderte. Wir hatten kaum Platz genommen, schon begann er zu erzählen: „Das war ein denkwürdiger Tag. Ich hatte zum ersten Mal in meiner langen Zeit als Unternehmer *nichts* zu tun. Das war mir noch nie passiert.

Keine Termine, keine Aufgaben, keine Meetings, keine Telefonate. Nichts."

Er sah mich an und schüttelte lächelnd den Kopf – ganz in der Erinnerung an dieses ungläubige Staunen, das ihn damals erfasst hatte.

Dann fuhr er fort: „Und weißt du, was das Frappierendste und gleichzeitig das Wunderbarste war an diesem Moment?"

Ich wartete gespannt.

„Ich hatte auch nicht den Drang, mich zu beschäftigen. Ich habe mir nicht ganz automatisch Arbeit gesucht." Sein Lächeln wurde noch breiter. „Ich habe diesen Moment einfach nur genossen."

Dieser Unternehmer hatte seinen Cousteau-Moment erlebt.

Meisterlich

Ihr Cousteau-Moment kennzeichnet eine meisterliche Leistung. Er markiert den Wendepunkt, an dem Sie es als Unternehmer geschafft haben, alles abzulegen, was nicht zu Ihrer Unternehmer-Rolle gehört. Sie haben alle anderen Aufgaben an diejenigen weitergegeben, deren Job sie tatsächlich sind: an Ihre Mitarbeiter.

Das heißt, Sie delegieren diese Aufgaben also nicht nur, sondern sie geben sie wirklich ab. Falls Sie sich fragen, was der Unterschied ist: Delegieren Sie eine Aufgabe an einen Mitarbeiter, erledigt er diese für Sie und Sie gehen mit diesem Ergebnis zum Kunden – die Verantwortung für den ganzen Vorgang bleibt bei Ihnen. Geben Sie dagegen eine Aufgabe an einen Mitarbeiter ab, erledigt er sie und geht selbst damit zum Kunden – die Verantwortung ist komplett an ihn übergegangen, Sie sind da raus.

Der Schritt vom Delegieren zum Abgeben ist länger und mühevoller, als die meisten Unternehmer es sich vorstellen. Wenn sie ihn sich überhaupt vorstellen wollen. Denn dafür müssen sie sich zunächst bewusst geworden sein, welche Rolle – oder besser gesagt: welche Rollen – sie derzeit in ihrem Unternehmen spielen.

Wie schon erwähnt, sind die allermeisten von ihnen als Triple Agents unterwegs: Sie spielen sowohl die Fachkraft- als auch die Manager-Rolle und ihre eigentliche Kernrolle, die des Unternehmers, kommt dabei zu kurz.

Doch selbst wenn das Bewusstsein da ist und auch der Entschluss, sich auf die Unternehmer-Rolle zu konzentrieren: Der Weg dahin ist nicht leicht. Ich kenne keinen einzigen Unternehmer, der das von heute auf morgen geschafft hat. Deshalb sage ich ja, dass es eine meisterliche Leistung von Ihnen erfordert, um den Cousteau-Moment für sich wahr werden zu lassen.

Doch wenn er dann am Ende dieses langen Weges endlich da ist: Erkennen Sie ihn überhaupt? Wie fühlt er sich an?

So schön

„Und? Wie war das für dich, als du gemerkt hast, dass du nichts zu tun hast und auch nicht reflexhaft nach der nächstbesten Aufgabe greifst?“, fragte ich den Unternehmer.

Er lehnte sich zurück und antwortete: „Dieser Moment war wie ein Auslöser.

Ich weiß noch, dass ich dachte: Wie herrlich. Endlich kann ich Dinge tun, für die ich vorher nie den Kopf frei hatte."

„Und dann?"

Fast träumerisch antwortete er: „Dann habe ich mich den ganzen Tag nur noch mit Unternehmeraufgaben beschäftigt. Ich habe mir zum Beispiel dieses Buch über Geschäftsmodelle vorgenommen, das ich schon so lange lesen wollte, und mein Geschäftsmodell reflektiert. Ich habe über unsere Zielgruppe und andere strategische Dinge nachgedacht."

Ich nicke und frage nach: „Wie war das für dich?"

Er breitet die Arme aus und erwidert: „Es hat unglaublich viel Spaß gemacht. Das sind so schöne Themen!"

Bei dieser Bemerkung konnte ich mir ein Grinsen kaum verkneifen: Dieser knapp 50-jährige Unternehmer hatte nach so vielen Jahren strategische Themen als etwas ganz Neues für sich entdeckt und sich voll in einen Flow gearbeitet. Einfach großartig!

In den Schoß war sein Cousteau-Moment allerdings auch ihm nicht gefallen.

Gerade das Loslassen der Fachkraftthemen hatte ihn vor echte Herausforderungen gestellt: Er war sich der Situation voll bewusst und doch brauchte es lange, beharrliche Arbeit an sich, damit er die Fachkraft-Rolle loslassen konnte. Er musste dafür vertrauen lernen und üben. Das war für ihn hart.

Doch es hat sich gelohnt. Er hat seinen Cousteau-Moment vorbereitet und er hat ihn erlebt. Nur so geht es, denn wenn Sie sich nicht bewusst darauf vorbereitet und geübt haben, werden Sie Ihren Cousteau-Moment noch nicht einmal bemerken.

Eine Sache der Wahrnehmung

Stellen Sie sich vor, besagter Unternehmer hätte nicht jahrelang auf seinen Cousteau-Moment hingearbeitet. Es hätte ihm ja trotzdem, vielleicht aus dem Zusammentreffen besonderer Umstände heraus, passieren können, dass er an seinem Schreibtisch sitzt und irritiert feststellt, dass er nichts zu tun hat. Die Situation wäre also die gleiche gewesen, der potenzielle *magic moment* genauso nah. Doch ich gehe jede Wette ein, dass die Reaktion des Unternehmers eine andere gewesen wäre, wenn er nicht vorbereitet ist.

Sein erster Gedanke, nachdem er sich von der Irritation erholt hätte, wäre wohl gewesen: „Oh nein, was ist da schiefgelaufen?“ Er hätte also eine negative Wahrnehmung gehabt.

Und der zweite Gedanke – „Was tue ich denn jetzt?“ – hätte den Anti-Langeweile-Reflex in Gang gesetzt: Sobald sich ein noch so kleines Zeitfenster ohne Beschäftigung auftut, sucht sich der nicht vorbereitete Unternehmer umgehend und ohne weiteres Nachdenken ein To-do – und zwar eines aus dem operativen Bereich. Ganz gewohnheitsmäßig, denn schließlich gibt es immer etwas zu tun. Er hat es ja noch nie anders erlebt.

Die spannende Frage ist: Wenn dieser Cousteau-Moment doch so toll ist, warum arbeiten Unternehmer nicht von Anfang darauf hin?

Eine Frage der Entwicklung

Ich behaupte, dass die allermeisten Unternehmer sich zu Beginn gar nicht für das Unternehmersein entscheiden, sondern „nur“ dafür, sich selbstständig zu machen. Den Unterschied, die drei Rollen und alles, was damit einhergeht, kennt anfangs kaum einer.

Deshalb gibt es auch keine Möglichkeit für sie, sich zu entscheiden: Will ich das? Will ich das nicht?

Und so ist der Weg hin zur bewussten Unternehmer-Rolle in der Regel eine Entwicklung, die sie nach längerer Zeit, dann aber bewusst einschlagen. Oder auch nicht, wie Sie an dem folgenden Fall ablesen können:

Ein Ehepaar hat gemeinsam vor einigen Jahren ein Architekturbüro gegründet. Beide sind fachlich sehr gut. Entsprechend hatten sie prompt großen Zulauf. Das Büro wuchs, die Zahl der Angestellten stieg. Inzwischen hatte sich auch privat Nachwuchs eingestellt. Trotzdem arbeiteten beide weiterhin mit großer Intensität in und an ihrer Firma – wie von Beginn an als Triple Agents, obwohl ihr Unternehmen Architekturbüro den bewältigbaren Rahmen einer reinen Selbstständigkeit schon lang überschritten hatte.

Entsprechend begann die massive Belastung, Spuren zu hinterlassen: im Büro, aber auch privat. Es kriselte. Sie hatten zwar inzwischen auch Architekten angestellt, um die weiter wachsende Zahl der Kunden noch betreuen zu können, doch änderte das nichts an ihrer Überlastung. Und die beiden verstanden nicht, warum. Sie sahen für sich keinen Ausweg. Das Büro wieder verkleinern? Nein, das wollten sie nicht.

Im Sparring kamen sie zum ersten Mal in Berührung mit dem Rollenmodell und der Option, dass sie auch als Inhaber nicht zwingend alle drei Rollen ausüben mussten. Das hatten sie noch nie so gesehen.

Sie begannen, sich Gedanken zu machen, was sie denn wirklich wollen: Welche Rolle wollten sie behalten? Und welche nicht?

Relativ schnell stellte sich heraus, dass es eine Rolle gab, die beide weiterhin ausüben wollten: die der Fachkraft. Sie waren und sind beide Architekten aus Leidenschaft. Doch was war mit den beiden anderen Rollen?

Sie war an keiner dieser Rollen interessiert. Er dagegen hatte sehr wohl den Wunsch, verstärkt in der Unternehmer-Rolle zu arbeiten. Nur auf die Manager-Rolle hatte keiner von beiden Lust.

Aus dieser Erkenntnis heraus hat das Unternehmerehepaar für sich die perfekte Lösung gefunden: Sie hat sich ganz auf die Fachkraft-Rolle konzentriert. Er arbeitet auch weiter als Architekt, wenn auch in etwas reduziertem Umfang, um sich mehr der Unternehmer-Rolle zu widmen. Und für die Manager-Rolle haben sie sich eine Büroleiterin eingestellt.

Dieser ordnen sie sich in ihren Fachkraft-Rollen unter und lassen sich organisieren. So läuft es im Architekturbüro endlich wieder rund – und tatsächlich hat das auch die Ehe gerettet.

Wenn Sie die bewusste Auseinandersetzung mit Ihren Rollen suchen, wird auch eine ganz individuelle Lösung möglich. Vielleicht hat dieser Architekt in seiner Unternehmer-Rolle inzwischen auch schon seinen Cousteau-Moment erlebt – ich wünsche es ihm und auch seinem Unternehmen. Ich kann es zwar empirisch nicht belegen, aber mein Eindruck ist: Unternehmer, die den Cousteau-Moment erlebt haben, gestalten ihr Unternehmen fokussierter und deshalb auch erfolgreicher.

Und mit diesem Erfolg kündigt sich die zweite Facette an: Wenn die Öffentlichkeit beginnt, sich für Sie zu interessieren …

Facette 2: Der Cousteau-Effekt

Mit Öffentlichkeit meine ich nicht unbedingt die Art von Rampenlicht, in der Jacques-Yves Cousteau in den 1950er- und 1960er-Jahren mit seinen drei Oscars stand.

Für einen Mittelständler ist schon ein kurzer Beitrag im Fernsehen, ein Bericht in der Regionalzeitung oder im Radio eine ungewohnte Öffentlichkeit – egal ob es zum Beispiel um den Erfolg aufgrund einer Innovation geht oder einer besonderen Unternehmenskultur. Auf einmal wollen nicht nur Ihre Kunden wissen, wer und was hinter diesem Erfolg Ihrer Firma steht, sondern auch Leute, die mit Ihnen und Ihrem Laden bisher nichts zu tun hatten.

So wie Cousteau als Mensch durch seinen Erfolg als Tauchpionier bekannt geworden ist, kann Ihnen das als Unternehmer auch „passieren". Ich sage deshalb „passieren", weil ich persönlich keinen kenne, der mit dem Anspruch ins Unternehmersein gestartet ist, persönlich bekannt werden zu wollen. Klar gibt es welche, die die öffentliche Aufmerksamkeit ganz nett finden, bereitwillig Interviews geben und auch mal gerne die ein oder andere Betriebsbesichtigung anbieten.

Dem größeren Teil der mittelständischen Unternehmer ist eine größere Öffentlichkeit eher unangenehm. „Zu dröhnerich", sagen viele. Bei dieser Ablehnung spielt nicht nur das typische Understatement eine Rolle, sondern auch eine gewisse Scheu: Soll ich wirklich dieses Risiko eingehen?

Mutprobe

Es ist schon richtig: Wenn Sie sich als Unternehmer in der Öffentlichkeit äußern, hören das alle – auch die, in deren Kontext Sie gar nicht als Unternehmer auftreten. Stellen Sie sich zum Beispiel vor, Sie geben ein Interview, das in der örtlichen Tageszeitung erscheint. Das lesen nicht nur Ihre Mitarbeiter sowie Ihre aktuellen und potenziellen Kunden, sondern auch die Eltern der Mitschüler Ihres Sohnes Niklas. Diese kennen Sie aus dem Kontext Schule nur als den Papa von Niklas. Es besteht ein gewisses Risiko, dass das, was Sie sagen und wie über Sie dann berichtet wird, nicht allen gefällt. Und das Risiko, dafür schief angesehen zu werden, tragen dann nicht nur Sie, sondern auch Ihr Sohn. Können Sie ihm das zumuten?

Solche Überlegungen sind richtig und wichtig, wenn Sie bewusst mit der Öffentlichkeit umgehen wollen. Wegen des Risikos, die öffentliche Aufmerksamkeit reflexhaft abzublocken, wäre es schade, denn Unternehmer können den Cousteau-Effekt für ihre Firma sehr gut nutzen: Sie können mehr Menschen klarmachen, warum und wozu ihr Unternehmen besteht. Und sich positive Bestätigung für ihre Ausrichtung abholen. Das tun mittelständische Unternehmen aus meiner Sicht zu wenig. Ein bisschen mehr Mut in der Hinsicht wäre gut!

Zu erzählen gibt es im Mittelstand mehr als genug, denn da ist alles echt statt erfunden. Diese Unternehmen liefern Authentizität statt Botox-Strategien. Das sind echte Pfunde und damit können mittelständische Unternehmen viel mehr wuchern, als sie es tun.

Um den entsprechenden Mut zu finden, hilft Ihnen natürlich, wenn Sie selbst für sich klar haben, wofür Ihre Firma stehen soll. Und wenn Sie sie als Unternehmer so gestaltet haben, dass sie dafür auch stehen kann. Mein Eindruck ist, dass manche Unternehmer sich auch deshalb so ungern auf eine Bühne stellen, weil sie so genau gar nicht ausdrücken können, was ihr Unternehmen in dieser Welt leisten soll, warum und wozu es da ist. Oder – und das ist noch problematischer – wenn sie sich mit ihrem Unternehmen im Grunde ihres Herzens nicht oder nicht mehr identifizieren können.

Tatsächlich kann der Cousteau-Effekt in diesem Sinne auch einen positiven Impuls geben: Wenn Sie auf einmal das Mikrofon unter der Nase haben und der Journalist Sie fragt, was Sie so Besonderes machen, – und Sie keine Antwort wissen, bringt Sie das vielleicht ins Grübeln ...

Denn war da nicht ganz am Anfang Ihres Unternehmerseins eine Idee, ein Grund? Vielleicht sogar ein großer selbstgestellter Auftrag – eine Mission? Oder was gibt Ihrer Arbeit heute den Sinn?

Facette 3: Die Cousteau-Mission

Ich weiß nicht, wann Jacques-Yves Cousteau seine Mission, die Tiefsee zu erforschen und zu schützen entwickelt hat. Ich kann Ihnen also nicht sagen, ob ihm diese Mission von Anfang an ein Motor war. Erreicht hat er in diesem Punkt jedenfalls viel. Und das wünsche ich auch jedem Unternehmer, egal was er als seine Mission betrachtet.

Der Ansporn für die Unternehmer, die Ende der 1940er- und Anfang der 1950er-Jahre ihre Betriebe gründeten und aufbauten, lag klar im wirtschaftlichen Bereich. Sie wollten ein gutes Leben aufbauen und niemandem anders die Verantwortung dafür überlassen. Das war für viele der Sinn ihres Unternehmerseins – nicht mehr und nicht weniger. Wenn es ihre Geschäftsidee war, wiederverwendbare Pausenbrotboxen zu vertreiben, wollten sie damit in erster Linie

Geld verdienen – ob sie damit die Welt retten oder nicht, war kein wirkliches Entscheidungskriterium. Das erlebe ich bei den heutigen Unternehmergenerationen oft anders.

Die heutige Gründergeneration verfügt zum allergrößten Teil über eine exzellente Ausbildung, sie könnten mit ihren Fähigkeiten überall auf der Welt einen Job finden. Alles *high potentials?!* Wenn ein junger Mensch trotz dieser Möglichkeit sagt, dass er selbst ein Unternehmen gründen oder übernehmen möchte, dann stecken dahinter meist mehr als nur wirtschaftliche Motive.

Einen solchen Jungunternehmer durfte ich erst kürzlich wieder kennenlernen. Er fasste seine Motivation so zusammen: „Ich verbessere mit meinem Unternehmen die Lebensqualität möglichst vieler Menschen, indem ich nach Perfektion strebe und mir überlege, wie ich die Welt mit meinen Beiträgen besser machen kann!" Das ist doch ein richtig großartiger Antrieb, oder? Und damit verdient der junge Mann heute auch richtig gutes Geld, sein Geschäft läuft!

Anders als viele ältere Unternehmer hat er auch kein Problem damit, stolz von seiner „Weltverbesserer-Mission" zu erzählen.

Denn was er macht, ist sinnstiftend – für ihn, aber auch für seine Mitarbeiter und Kunden. Er weiß nicht nur, wie er die Dinge macht, sondern kann auch erklären, warum er sie macht.

Zu behaupten, dass alle älteren Unternehmer ihr Leben lang geldgetrieben sind und alle jungen nur weltverbessernd und selbstverwirklichend unterwegs sind, ist aber natürlich Quatsch. Denn Missionen verändern sich auch …

218 Später Fund

Bill Gates ist ein gutes Beispiel: Ich bin ziemlich sicher, dass er bei der Gründung von Microsoft nicht im Sinn hatte, die Menschheit insgesamt von möglichst vielen Übeln zu befreien. Ja, er wollte möglichst viele Haushalte mit einem PC versorgen, aber die Welt retten? Sein Anspruch heute, den er mit seiner Bill & Melinda Gates Foundation verfolgt, geht durchaus in diese Richtung.

Diese Wandlung beobachte ich bei älteren, insbesondere erfolgreichen Unternehmern häufiger. Irgendwann kommen sie an den Punkt, an dem sie der Gesellschaft etwas zurückgeben wollen.

Sie entdecken für sich eine Mission, die ihrer Arbeit einen weiteren, vielleicht einen größeren Sinn gibt.

Damit meine ich nicht die demonstrativen Marketing-Aktionen, bei denen der Firmenchef unter dem Blitzlichtgewitter der lokalen Presse demonstrativ einen überdimensionalen Scheck über 500 Euro an eine Hilfsorganisation überreicht. Diese Art der Kommunikation finde ich peinlich.

Bei einer wahren Mission geht es nicht um das öffentliche Getöse. Ich weiß von so vielen Unternehmern, die mit weit höheren Summen in aller Stille förderungswürdige Aktionen und Einrichtungen unterstützen, und sie nicht ausschlachten. Denn sie fühlen sich selbst genug belohnt, zu wissen, dass sie ihrer Mission gefolgt sind. So wie Cousteau.

Das waren also die drei Cousteau-Facetten, die einen Unternehmer antreiben können: entweder von Anfang an oder erst mit den Jahren. Welche Facette ist Ihnen wichtig?

10 LEBEN SPÜREN

Es war der Abend des Tages, der dem Unternehmer seinen Cousteau-Moment gebracht hatte.

„Mein Lieber, was ist denn mit dir passiert? Du hast ja so gute Laune“, fragte die Ehefrau, als die Familie sich zum Abendbrot gesetzt hatte.

„Das habe ich auch schon bemerkt: Du bist heute irgendwie anders, Papa!“, ergänzte sein Sohn und die Tochter nickte.

Alle schauten ihn fragend an.

Er lächelte und sagte: „Tja, ich habe seit heute einen neuen Job.“

Die Augen seiner Frau und der Kinder wurden groß: „Wie? Ist die Firma pleite?“

Er erwiderte lachend: „Nein. Ich habe einen neuen Job im Unternehmen. Und der macht mir wirklich Spaß: Seit heute bin ich Unternehmer.“

Die wahre Freude

Als Sie Ihr Unternehmen gegründet haben, wollten Sie nicht, dass es Ihnen in Ihrem Leben schlechter geht! Nein, so viel kann ich wohl sagen, ohne mich zu weit aus dem Fenster zu lehnen: Sie erwarteten sich, dass es Ihnen in irgendeiner Form besser geht und dass Sie aus Ihrem Unternehmersein Freude schöpfen. Was ich dagegen nicht sagen kann: Welche Vorstellung Sie von dieser Freude hatten, die Sie mit Ihrem Unternehmersein erreichen wollten. Denn diese Vorstellung sieht bei jedem anders aus – und sie erwächst nicht selten aus einem ganz anderen Bereich, als Sie es von außen vermuten würden.

Ich kenne das vom Tauchen: Die allermeisten, denen ich von meiner Leidenschaft erzähle, glauben zunächst, dass die größte Freude dabei das Unterwassererlebnis sein muss.

Klar, das ist auch toll: dieses schwerelose Gefühl, wenn Sie austariert sind, die großartigen Landschaften da unten sehen und die vielfältige Tier- und Pflanzenwelt erleben … So großartig das alles auch ist: Die größte Freude beim Tauchen ist für mich etwas anderes!

Stellen Sie sich vor, Sie kommen gerade von einem Tauchgang an einem herrlichen Spot zurück. Voll mit unbeschreiblichen Eindrücken klettern Sie die Leiter des Bootes hoch, Sie streifen sich die Maske vom Gesicht und nehmen die schwere Ausrüstung ab. Sie schauen in das strahlende Gesicht Ihres Buddys, die Sonne scheint, Salzwassertropfen rinnen Ihre Wange herunter, eine leichte Meeresbrise weht, Musik läuft. Alle Anspannung fällt von Ihnen ab. In Ihnen ist nur noch Freude: sowohl darüber, dass Sie überlebt haben, als auch darüber, was Sie da unten erlebt haben. Sie spüren das Leben pur.

Wenn Sie diese Euphorie nachfühlen können, dann wissen Sie, warum ich immer wieder tauchen gehe: Dieses freudige Gefühl möchte ich immer wieder erleben.

Und das geht auch Unternehmern so: Wenn Sie echte Freude an Ihrem Unternehmersein spüren, gibt Ihnen diese beständige Energie für das nächste Abenteuer, den nächsten spannenden Tag in der Firma. Sie müssen nur herausfinden, was *Ihre* Freude dabei ist …

Beruflich und mehr

Wahrscheinlich zielt diese Freude zunächst auf die berufliche Erfüllung ab: Vielleicht stellen Sie sich vor, dass Sie großen Spaß daran haben werden, endlich Ihr eigener Herr zu sein. Vielleicht erhoffen Sie sich Freude davon, Ihre Idee verwirklichen zu können oder Ihre Experimentierfreude ausleben zu können. Vielleicht ist Ihre Vorstellung aber auch einfach, später in einem großen roten Cabriolet durch die Gegend zu cruisen oder als Vorbild für junge Unternehmer genannt zu werden. Alles ist möglich.

Dass diese berufliche Erfüllung auch auf Ihr Privatleben abstrahlen könnte – daran denken Sie zu Beginn Ihres Unternehmerseins eher selten. Wie das Beispiel von dem Unternehmer, dem seine Familie diesen Cousteau-Moment sofort anmerkte, zeigt, ist das aber durchaus der Fall. Endlich hatte er seine wahre Freude gefunden. In den vielen Jahren im Unternehmen zuvor war ihm gar nicht bewusst, wie sehr er sie vermisst hatte. Seiner Familie aber schon: So oft hatte der Vater zu Hause zwar mit am Tisch gesessen, doch gedanklich war er in der Firma. So oft hatte er sich bei seiner Frage an die Kinder ‚Wie war's in der Schule' mit einem ‚Gut' zufriedengegeben, ohne nachzuhaken.

So oft war von seiner Unternehmungslust nach der Arbeit nichts mehr übrig, weil er völlig platt nach Hause kam.

Wenn es eines Beweises bedurft hätte, welche Freude er sich von seinem Unternehmersein wünschte und wie verwandelt er war, als er sie gefunden hatte: Die positiven Reaktionen aus seinem privaten Umfeld wären der perfekte Beleg dafür.

Welches die Freude ist, die Sie bewegt, kann ich nicht wissen. Ich weiß nur, welche meine ist. Also kann ich Ihnen nur meine exemplarisch schildern, damit Sie einen Eindruck bekommen, woher ein Unternehmer seine Freude beziehen – und wie sie ihm auch wieder verloren gehen kann.

Abenteuer und Langeweile

Ich wusste schon sehr früh, wie meine Freude am Unternehmersein aussieht: Die stellt sich ein, wenn ich mit coolen Leuten für coole Kunden coole Sachen mache. Das stimmt bis heute.

Dass ich diese Freude so früh entdecken konnte, verdanke ich meinen Eltern.

Ich sage immer augenzwinkernd, dass ich gegensätzlich aufgewachsen bin. Das heißt: Ich fand als Kind zwei Extreme unter dem Dach meines Elternhauses vereint. Auf der einen Seite stand mein Vater, der als Selbstständiger in der ewigen Ungewissheit schwebte, was morgen kommt. Und auf der anderen Seite meine Mutter, die als verbeamtete Grundschullehrerin ihren Urlaub fünf Jahre im Voraus planen konnte.

Das, was Papa machte, hat mich von klein auf massiv begeistert. Er musste gar nicht groß Werbung dafür machen, ich fand es einfach super, dass er alles selbst entscheiden konnte. Er verschwieg mir nicht, dass manches auch blöd lief. Für mich sah das aber alles nach einem großen Abenteuer aus.

Das, was meine Mutter dagegen von ihrem Job erzählte – und wie ich diesen aus eigener Schüleranschauung kannte –, fand ich todlangweilig.

Doch es gab auch die jeweils andere Seite der Medaille …

Schwere und Leichtigkeit

Mein Vater, eigentlich ein fröhlicher, offener Mensch, wurde, sobald es um die Firma ging, zum getakteten Schaffer. Von nix kommt nix. Spaß und Arbeit gehörten für ihn nicht auf einen Teller. Alles rund um sein Geschäft war mit Schwere behaftet. Arbeit halt. Seine Kunden waren hochzufrieden, weil er sie nicht nur belieferte, sondern ihnen wirklich half. Aber nach Spaß fühlte sich das für ihn nie an.

Das war bei meiner Mutter ganz anders: Theoretisch hatte sie ja einen Job, für den sie – solange sie keine Kinder verprügelte oder diese berühmten goldenen Löffel stahl – ganz automatisch immer ihr Geld bekam. Von daher machte es irgendwie keinen Unterschied, ob sie das, was sie tat, gut oder schlecht machte. Nicht einmal die Kinder würden ihr die Mühe danken, denn die hatten ja keinen Vergleich. Aber meine Mutter war Lehrerin aus Passion. Sie hätte niemals jeden Jahrgang mit dem immer gleichen Unterricht beschallt – das wäre ihr viel zu öde gewesen. Sie bereitete jede einzelne Unterrichtsstunde frisch und mit Hingabe vor. Ich kriege heute noch Gänsehaut, wenn ich an die Freude denke, die sie dabei hatte. Und immer noch werde ich von ehemaligen Schülern angesprochen, was für eine tolle Lehrerin sie war.

Jede der beiden Welten bei mir zu Hause hatte also ihre tolle und ihre abschreckende Seite. Und ich habe schon als Kind gegrübelt, wie ich – wenn ich erst einmal groß sein würde – die beiden tollen Seiten für mich kombinieren könnte. Die Aufgabe schien mir damals schon schwierig: Wo sollte ich einen Job finden, der diese scheinbar unvereinbaren Dinge zusammenbringen könnte? Der Schluss, zu dem ich im Endeffekt kam: So einen Job kann ich mir nur selbst gestalten!

Nicht, dass ich während Ausbildung und Studium oder später als Angestellter nicht auch immer mal wieder das ein oder andere Highlight in Richtung „coole Leute, coole Sachen" erlebt hätte. Aber ich hatte es viel weniger in der Hand. Ich konnte nicht mitreden, welche Kollegen eingestellt wurden; ich hatte keinen Einfluss darauf, welche Kunden ich hatte, und auch nur sehr begrenzt darauf, was wir für diese Kunden taten. Bei all diesen Entscheidungen war ich auf meine Chefs angewiesen – und die entschieden mal gut, mal schlecht.

Schließlich habe ich irgendwann die Konsequenz gezogen und gegründet. Es hätte also alles schön sein können. Wenn nicht ...

Irgendwie verkehrt

Obwohl es fast zehn Jahre her ist, weiß ich es noch wie heute: Ich ging mit meinem Coach, der mich schon seit vielen Jahren begleitete, durch unseren Firmengarten. Mein Blick fiel auf das Gebäude, ich dachte an mein Unternehmen und sagte – halb zu ihm, halb zu mir selbst: „Es ist ja alles geil. Aber irgendwie fühlt es sich nicht richtig an. Irgendetwas ist hier verkehrt."

Ich hatte das starke Gefühl, dass ich vom Pfad abgekommen war. Ich konnte es nicht klarer artikulieren. Ich fühlte mich vernebelt. Und aus heutiger Sicht würde ich sagen: Das war ich auch.

Im Hamsterrad der operativen Arbeit hatte ich den klaren Blick für das verloren, was mir hätte Freude bringen sollen. Ich hatte meinen Anspruch, meine Gründungsidee schlichtweg vergessen.

Diese Erkenntnis war ein ganz schöner Schock – ich hatte keine Ahnung, dass so etwas überhaupt passieren kann. Es hatte mich keiner gewarnt – oder ich habe es zumindest nicht gehört. Auch deshalb wünsche ich mir, dass dieses Buch dem ein oder anderen Jungunternehmer in die Hand fällt.

Denn hätte ich damals gewusst, was ich heute weiß, hätte ich vieles wahrscheinlich ähnlich, aber manches auch ganz anders gemacht – und mir einiges erspart.

Schließlich habe ich auch einen Weg zurück zur Freude gefunden.

FROHES SCHAFFEN!

Nach diesem Gespräch im Garten ging die Suche los. Ich habe tatsächlich zwei Jahre darüber gearbeitet, um herauszufinden, was sich konkret falsch anfühlte und wie ich das ändern könnte. Und irgendwann habe ich mich an das erinnert, was ich vergessen hatte. Auf einmal passte alles zusammen.

Mir war klar: Ich muss back to the roots. Mir bewusst machen, was mein Anspruch bei der Gründung von KAAPKE® war, warum und wozu ich überhaupt Unternehmer geworden bin.

Und damit ich meinen Anspruch nie mehr vergesse, habe ich für mich einen Claim entwickelt, der diesen auf den Punkt bringt.

Er beinhaltet genau die Kombination, die ich mir mit meinem Unternehmen gestalten wollte – weil ich wusste, dass ich sie nirgends sonst würde finden können. Mein Claim lautet seither: FROHES SCHAFFEN!

Wahrscheinlich ahnen Sie auch schon, dass die beiden Worte auch etwas mit meinen Eltern zu tun haben: Das „Frohe“ steht für die Freude meiner Mutter, wenn sie als Lehrerin ihre Passion leben konnte. In dem „Schaffen“ steckt der Tatendrang und Gestaltungswille meines Vaters, der als Unternehmer immer ein Augenmerk darauf hatte, dass bei all dem Spaß auch etwas rumkommt.

Und für mich steckt noch mehr darin. Je nachdem, wie ich die Groß- und Kleinschreibung handhabe, entdecken Sie darin auch den Sinn und den Zweck, den ich für mein Unternehmen sehe: Frohes schaffen – frohes Schaffen!

Dieser Claim ist für mich so etwas wie die Essenz der Essenz meines Unternehmerseins. Er ist für mich meine Idee von Unternehmersein. Ich kann mich daran orientieren und Denken und Handeln damit abgleichen. Jeden Tag. Ganz einfach.

Er ist für mich Selbstführungsinstrument und Leitstern für mein Unternehmen zugleich.

Die Mitarbeiter meiner Firma kennen ihn alle. Und so können sie mich beim Wort nehmen, selbst wenn ich meinen Claim kurzzeitig vergesse ...

Für alle gut

Neulich hatten wir im Managementteam eine längere inhaltliche Auseinandersetzung. Mit der Zeit wurde das Gespräch echt hitzig – bis einer von uns irgendwann sagte: „Also, Leute. So wie wir hier gerade miteinander reden, hat das für mich nur noch wenig mit ‚FROHES SCHAFFEN!' zu tun."

Wumm! Das traf mich wie ein Schlag.

Einen Moment saß ich verdattert da. Dann sagte ich: „Danke. Ich sehe das genauso. Kommt, wir machen jetzt fünf Minuten Pause, atmen einmal durch und dann fangen wir nochmal von vorne an."

Geil! Dieser Cut tat uns allen gut und danach konnten wir eine richtig gute Lösung finden.

Deshalb kann ich sagen: Das mit dem Claim funktioniert für mich hervorragend.

Und ich glaube auch, dass ein Claim jedem Unternehmer guttut.

Claim ist ja einfach das englische Wort für „Anspruch". Und einen Anspruch hat jeder Unternehmer – auch wenn ihn die meisten irgendwann vergessen. Machen Sie einen Claim daraus, können Sie sich Ihren Anspruch an das Unternehmersein jenseits des Materiellen in Erinnerung halten. Wenn Sie Ihre Freude aus etwas Dinglichem wie einem roten Sportwagen beziehen, dann kann der bei Ihnen auf dem Firmenparkplatz stehen und Ihnen bei jedem Blick aus dem Bürofenster sagen: Dafür tust du das alles. Stammt Ihre Freude jedoch aus weniger Greifbarem wie „Gestaltungsfreiheit" oder „Experimentierlust", gerät Ihnen das viel leichter aus dem Blick. Ihr Claim kann das verhindern.

Können Sie „Let it be" mitsingen?

Für Ihren Claim brauchen Sie kein aufwendig gedrehtes Video, wie es derzeit so inflationär auf den Homepages von Unternehmen erscheint. Das mag gut für die Außendarstellung sein, aber als Orientierungshilfe benötigen Sie nur eine Erinnerungsstütze: ein Symbol, ein Satz oder auch – wie bei mir – zwei Worte genügen.

Wichtig ist nur, dass Sie für die Sichtbarkeit Ihres Claims sorgen – für sich selbst und wenn Sie möchten, auch für andere. Nur so erreichen Sie den nötigen Repetitionseffekt. Den kennen Sie von sich selbst: Wenn Sie zum Beispiel den Beatles-Song „Let it be" hören, können Sie aller Wahrscheinlichkeit nach zumindest den Refrain mitsingen. Nicht weil, Sie den Text auswendig gelernt hätten, sondern weil Sie ihn immer und immer wieder gehört haben – er war für Sie „sichtbar". Er ist Ihnen in Fleisch und Blut übergegangen.

Das brauchen Sie für Ihren Claim auch. Deshalb können Sie sich Ihren Claim kaum oft genug sichtbar machen. Wenn Sie zum Beispiel mit mir per Mail oder Brief kommunizieren, wird Ihnen FROHES SCHAFFEN stets als Grußformel begegnen.

Mit dieser Sichtbarkeit erinnern Sie sich immer und immer wieder daran, welchen Anspruch Sie an sich und Ihr Unternehmen haben. Damit Sie diesen Anspruch auch verwirklichen können. Denn das ist ja Ihr großer Vorteil als Unternehmer: Sie sind der Gestalter Ihres Produktes. Aber das ist nicht das Produkt, das Ihre Mitarbeiter an Ihre Kunden verkaufen …

Ihr wahres Produkt

Um als Unternehmer Ihren eigenen Anspruch zu verwirklichen, braucht es im Prinzip zwei Schritte.

Zum Ersten geht es um die Erkenntnis, was eigentlich das Produkt ist, das Sie als Unternehmer kreieren. Für viele ist es eine Überraschung, wenn ich sage: Ihr Produkt ist Ihr Unternehmen!

Seine Gestaltung ist Ihr wahrer Auftrag als Unternehmer.

Diese Erkenntnis ist wahnsinnig wichtig, weil es die Bedeutung der Unternehmer-Rolle gegenüber den anderen Rollen erst richtig sichtbar macht. Und denjenigen Unternehmern unglaublich bei ihrer Loslösung aus dem operativen Geschäft hilft, die bis dahin das Gefühl hatten, ohne solche Aufgaben keine wirkliche Aufgabe mehr in der Firma zu haben.

Steve Jobs hat einmal gesagt: „Es macht keinen Sinn, kluge Köpfe einzustellen und ihnen dann zu sagen, was sie zu tun haben. Wir stellen kluge Köpfe ein, damit sie uns sagen, was wir tun können." Ich verstehe dieses Zitat so, dass Unternehmer gute Mitarbeiter einstellen sollten, damit diese mit ihrem Know-how das Produkt für den Kunden schaffen.

Der Unternehmer dagegen hat mit seinem Know-how das Produkt Unternehmen zu gestalten. Je besser jeder sein Know-how in seinem Bereich einsetzt, umso besser für alle.

In diesem Bewusstsein können Sie sich selbst als Unternehmer auf ganz neue Weise den Auftrag für die Gestaltung „Ihres Produktes" geben. Oder besser gesagt: Sie müssen sich diesen Auftrag selbst geben. Wer sonst sollte es tun? Das gehört zu Ihrer Freiheit – oder Einsamkeit – dazu ...

Wenn Ihnen das alles klar ist, treten einige grundsätzliche Fragen erst so richtig in Ihr persönliches Rampenlicht: Welches Unternehmen hätte ich denn gerne? Was bringt mir Freude? Woran merke ich, dass ich ein tolles Unternehmen habe? Was ist meine Idee von Erfolg?

Glücklicherweise müssen Sie sich dann diesen Fragen ernsthaft stellen.

Die richtigen Fragen

„Glücklicherweise" deshalb, weil von ihrer Beantwortung nicht mehr und nicht weniger die Erfüllung Ihres Unternehmerseins abhängt. Doch die wenigsten Unternehmer stellen sich diesen Fragen.

Solange Sie mit Ihrem Unternehmen auf der Erfolgswelle schwimmen, scheinen solche Fragen nicht wichtig: Es löppt ja. Die meisten schlagen ihr persönliches Unbehagen in einer solchen Situation eher in den Wind.

Bei Unternehmern, bei denen es aktuell nicht so gut läuft, ist das anders. Die stellen sich durchaus viele Fragen, wenn auch häufig erst einmal nicht die richtigen. Deshalb führe ich tatsächlich relativ häufig Gespräche wie dieses:

Unser Klient: „Meine Firma ist überhaupt nicht erfolgreich. Wie kann ich sie erfolgreicher machen?“

Meine Antwort: „Das ist an der Stelle die falsche Frage. Lassen Sie mich Ihnen zuvor eine andere Frage stellen: Woran erkennen Sie überhaupt Ihren Erfolg?“

„Keine Ahnung.“

Und ich frage mich, ob dieser Unternehmer seinen Anspruch noch nicht gefunden hat – oder ihn zumindest nicht klar formuliert hat. Deshalb bitte ich ihn dann: „Bevor wir weitermachen: Bitte beißen Sie sich zunächst an dieser Frage die Zähne aus!“

Das meine ich nicht spöttisch, sondern bei allem Wohlwollen ernst. Die Antworten, die spontan oder nach ganz kurzem Nachdenken kommen, sind selten die Antworten, die Ihnen weiterhelfen. Den eigenen Anspruch (wieder) zu entdecken und klar zu formulieren, ist eine Herausforderung, die keinem Unternehmer leichtfällt.

Fragen wie meine geben Ihnen immer nur den Impuls zum Nachdenken. Sie sind als Anregung gedacht, sie ermöglichen einen anderen Blickwinkel. Damit lade ich Sie zu einem Perspektivwechsel ein.

Für die Antworten dürfen oder sollen Sie sich gerne Zeit nehmen. Sobald die Antwort einmal sitzt, haben Sie keine Sekunde zu viel investiert. Denn dann spüren Sie das Leben als Unternehmer erst so richtig – und können sich an die Umsetzung Ihres Anspruchs machen. Vielleicht haben Sie in diesem Teil des Buches schon einige Anregungen gefunden, wie und wo Sie nach Ihrer persönlichen Spur suchen können, was Ihre Idee vom Unternehmersein ist.

Auf geht's!

Doch Vorsicht ...

Da war doch was

Wie auch immer Ihr ganz persönlicher Mix aus den verschiedenen Motiven, ins Unternehmersein zu starten, ausgesehen hat: Sie sind Ihnen abhandengekommen, verschüttgegangen oder weggebrochen. Sie sind in die Falle geraten. Dass Sie da gelandet sind, dafür gab es Gründe. Und die lösen sich nicht einfach in Luft auf, nur weil Sie sich vielleicht an Ihren Ursprungsantrieb erinnern. Das heißt nicht, dass Sie sie nicht in den Griff bekommen können. Sie können der Falle entgehen – vorausgesetzt, Sie kennen die Gründe, die Sie von Ihrem Weg abgebracht haben, und wollen in Zukunft an ihnen arbeiten. Genau darum geht es im folgenden Teil dieses Buches.

239

TEIL 3

NIEMALS OHNE MICH ...

Wie ich in die Falle ging

Drei Grundströmungen sind es, die Sie als Unternehmer ins Hamsterrad und damit in die Falle ziehen. Alle drei wirken im Kontext Unternehmen von Beginn an. Sie erzeugen einen Sog von fast unwiderstehlicher Macht. Hatte ich schon erwähnt, dass ich gefühlt ab dem dritten Tag meiner Selbstständigkeit angefangen habe, mein Hamsterrad anzuwerfen?

Ja, der Sog ist verdammt mächtig. Dass das so ist, liegt zum Teil daran, dass die Kräfte, die da an Ihnen zerren, so schwer zu erkennen sind. Zumindest so lange, wie Sie Ihre Situation nur aus einem einzigen Blickwinkel heraus betrachten. Und weil Sie sie nicht erkennen, nehmen Sie die Kräfte als gegeben hin. Sie glauben, das Hamsterrad gehört halt zum Unternehmersein dazu.

Das Tückische am Hamsterrad ist aber gerade diese eingeschränkte Sichtweise: Sind Sie einmal drinnen, hält Sie das Rad in dieser einen Perspektive gefangen. Sie kommen nicht mehr raus, um die Dinge einmal anders zu betrachten und die Ursachen für den Sog zu erkennen.

In diesem Teil des Buches werfen Sie einen etwas anderen Blick auf diese Kräfte, die Sie als Unternehmer ins Hamsterrad zwingen wollen – obwohl Sie doch ganz etwas anderes im Sinn hatten, als Sie sich einst in das Abenteuer des Unternehmerseins stürzten.

11 SICHER IST SICHER

Die eine der drei Sogkräfte heißt „Sicherheit“.

Das ist schon komisch, dass es gerade die Sicherheit ist, die Unternehmer so anzieht. Denn das Unternehmersein ist fast definitionsgemäß mit Unsicherheit verbunden. Ich habe auch erst einen einzigen Unternehmer erlebt, der mir auf meine Frage, warum er sich selbstständig gemacht hat, geantwortet hat: „Ich dachte, dass ich mehr Sicherheit habe als vorher. Schließlich kann mir auf die Art keiner meinen Arbeitsplatz kündigen.“

Er hat mir dann schon noch erzählt, dass er schnell merkte, dass er sich getäuscht hatte: Das Einzige, was er nun als Unternehmer mit Sicherheit hat, ist die Verantwortung für alles. Aber immerhin: Sein Anfangsmotiv war Sicherheit.

Alle anderen Unternehmer, die ich kenne, waren sich von vornherein im Klaren darüber, dass sie viel Sicherheit aufgeben. Damit kommen sie auch weitgehend zurecht. Nur von einer bestimmten Sorte der Sicherheit fühlen sich alle magisch angezogen und setzen alles daran, sie zu kriegen: die Sicherheit, dass ihr Laden läuft.

Jetzt könnten Sie antworten: „Was soll an meinem Streben nach *dieser* Sicherheit denn Falsches sein? Schließlich bin ich ja darauf angewiesen, dass ich mit meinem Unternehmen Erfolg habe. Wenn ich morgen pleite bin, wird das mit der Gestaltung und der Verwirklichung meines unternehmerischen Anspruchs schwer."

Da haben Sie recht: So gesehen ist es Teil Ihres Auftrags, sicherzugehen, dass Ihr Laden läuft. Und doch kann ich Ihnen sagen, dass sehr viele Unternehmer sich nur wegen dieses Sicherheitsbestrebens in das Hamsterrad saugen lassen.

Oha! Heißt das, dass das Hamsterrad eben unausweichliches Unternehmer-Schicksal ist?

Der Sicherheitsreflex

Um die Antwort auf diese Frage zu finden, schauen Sie sich am besten an, welche Aufgaben Sie in der täglichen Mühle erledigen. Lassen Sie mich raten: Das sind nicht die „großen strategischen Überlegungen“, nicht das Arbeiten an neuen Ideen oder neuen Geschäftsmodellen, das Suchen nach neuen Chancen für den Erfolg in der Zukunft. Ich nehme an, dass es durch die Bank operative Tätigkeiten sind, die Ihre Zeit auffressen.

Das ist es jedenfalls, was ich bei Unternehmern beobachte oder von ihnen erzählt bekomme. Und von mir selbst ja auch nur zu gut kenne.

Wir alle versuchen oder haben versucht, die Sicherheit, dass unser Laden läuft, dadurch zu erreichen, dass wir uns aktiv in das operative Geschäft einbringen. Indem wir in der Fachkraft- und der Manager-Rolle an allen oder zumindest vielen Ecken im Unternehmen mitmischen. Damit es auch mit Sicherheit funktioniert.

Ich gehe mal davon aus, dass es bei Ihnen wie bei den meisten keine bewusste Entscheidung ist, Ihre Sicherheit auf diese Weise anzustreben. Es ist mehr ein Reflex. Und dieser Reflex ist es, der Sie ins Hamsterrad katapultiert!

Damit haben Sie die Antwort auf die Frage von eben: Nein, nur weil Sie die Sicherheit anstreben, dass Ihr Laden läuft, müssen Sie nicht zwangsläufig ins Hamsterrad springen. Unausweichlich geschieht das nur, wenn Sie diesen Sprung reflexhaft tun, ohne sich dessen bewusst zu sein.

Schauen Sie sich diesen Reflex deshalb einmal genauer an. Er entsteht aus einem ganzen Konglomerat von Ursachen. Drei Reflexherde habe ich dabei ausgemacht: Grundüberzeugung, Angst und emotionale Bindung.

Reflexherd Grundüberzeugung

So bin ich ziemlich sicher, dass Sie Aussagen wie diese schon häufiger gehört haben:

- „Wie soll sich denn ein Mitarbeiter von A bis Z verantwortlich fühlen, wenn er es doch gar nicht ist? Das bin doch im Endeffekt immer ich als Unternehmer. Der Mitarbeiter arbeitet ja ‚nur' mit …"

- „Schließlich ist das mein Laden. Der Mitarbeiter kann sich gar nicht so damit identifizieren wie ich."

- „Wir wollen uns hier ja nicht nur gut verstehen, sondern auch wirtschaftlich arbeiten. Dazu gehören nun mal unbequeme Entscheidungen auch – vor denen scheuen sich Mitarbeiter nun mal."

- „Bei Erfolgen feiern alle im Unternehmen gerne mit. Die Misserfolge muss ich als Unternehmer alleine tragen."

Auch wenn nicht jeder Unternehmer solche Gedanken ausspricht: Unterschwellig schwingen sie bei vielen mit. Der logische Schluss daraus: Kein Mitarbeiter kann und will überhaupt die jeweilige Tragweite seiner Entscheidung erkennen. Deshalb kann und will er auch die Verantwortung dafür nicht übernehmen. Also muss es der Unternehmer tun. Und deshalb muss er in alle größeren operativen Entscheidungen eingebunden sein. Da beißt die Maus keinen Faden ab. Ab ins Hamsterrad!

Solange Sie davon überzeugt sind, kommen Sie da auch nicht raus. Und je weniger Ihnen diese Überzeugung bewusst ist, umso weniger. Ähnliches gilt für den Fall, dass der zweite Reflexherd Sie quält …

Reflexherd Angst

Der Erfolg eines Unternehmens hängt immer davon ab, dass es die Erwartungen seiner Kunden besser erfüllt als die Konkurrenz. Schließlich ist es der Kunde, der alle Gehälter zahlt.

Diesen Zusammenhang haben die meisten Unternehmer stark verinnerlicht. Wenn die Firma wächst und sie sich aus dem operativen Geschäft zurückziehen sollten, um ihrer Unternehmer-Rolle noch gerecht werden zu können, hat das allerdings eine Konsequenz: Sie sind nicht mehr selbst im direkten Kontakt mit den Kunden. Sie können höchstens die entsprechenden Mitarbeiter fragen, ob die Kunden zufrieden sind und was sie sich noch wünschen. Das heißt, sie sind auf die Einschätzung Ihrer Mitarbeiter angewiesen, sie selbst „spüren" ihre Kunden nicht mehr.

Bei dieser Vorstellung beschleicht viele Unternehmer die Angst. Sie befürchten, das Gefühl für ihre Kunden zu verlieren: „Wie soll ich rechtzeitig mitbekommen, wie sich deren Erwartungen ändern? Haben meine Mitarbeiter den richtigen Blick dafür? Was passiert, wenn sie ihn nicht haben? Oder mir nicht die nötigen Hinweise geben?"

Gerade für einen Gründer entsteht in dieser Situation eine Abhängigkeit von seinen Mitarbeitern, die er so noch nicht kannte. Und die ihm – je nach dem Grad des Vertrauens zu seinen Mitarbeitern – existenzielle Bauchschmerzen bereitet.

Ich finde diese Angst nachvollziehbar, denn Mitarbeiter können die Einschätzung aus meiner Sicht tatsächlich nur unter bestimmten Bedingungen leisten: Sie brauchen transparente Informationen und gute Benchmarks dafür. Hat der Unternehmer dafür nicht gesorgt, kann das wirklich schwierig werden.

Und noch ein dritter Schmerz macht speziell bei Gründern den Reflex mächtig, sich nicht aus dem operativen Geschehen zu lösen.

Reflexherd emotionale Bindung

Wer gründet, tut das oft aus einem gewissen Selbstverständnis heraus: Ich bin der Beste meines Faches, keiner liefert bessere Ergebnisse. Solche Unternehmer wollen der Welt beweisen, dass sie ihr Metier beherrschen und ihren Kunden etwas bieten können, was sonst keiner kann. Daraus beziehen sie einen erheblichen Teil ihres Selbstbewusstseins und ihres Stolzes.

Doch dann kommt der Zeitpunkt, an dem sie sich aus ihrer Fachkraft-Rolle zurückziehen sollten, um sich auf die Gestaltung des Produktes Unternehmen und nicht mehr auf die Gestaltung der Produkte für die Kunden zu konzentrieren. Das heißt, sie übergeben die fachspezifischen Aufgaben an Mitarbeiter.

Das ist ein emotional nicht zu unterschätzender Schritt, wenn Sie so ein enthusiastischer Spezialist waren – und im Herzen noch sind: Denn entweder Sie finden sich damit ab, dass Ihre Kunden ab jetzt von der bestenfalls zweitbesten Fachkraft in Ihrem Unternehmen betreut werden. Oder Sie verabschieden sich von Ihrem Selbstverständnis, die beste Fachkraft zu sein. Beides bedeutet einen inneren Kampf, denn irgendetwas müssen Sie loslassen.

Den Kampf umgehen Sie nur, wenn Sie weiter im Hamsterrad bleiben und Spezialistenarbeit leisten.

Sie sehen: Der Sog, der aus den drei Kräften entsteht, kann extrem stark sein. Dennoch machen – unter dem Leidensdruck des Hamsterrades – viele Unternehmer immer wieder punktuell den Versuch, sich aus der operativen Arbeit rauszuziehen. Nur leider oft vergeblich …

„Ich habe es doch gewusst“

Wenn Unternehmer von ihrer eigenen Überlastung gezwungen werden, Fachkraftaufgaben wirklich abzugeben, gleichzeitig aber ihre Grundüberzeugung, ihre Angst beziehungsweise das emotionale Klammern weiterbesteht: Dann ist der Versuch zum Scheitern verurteilt. Er kann nicht gelingen, denn jede noch so kleine Kleinigkeit, die anders läuft, als sie sich das vorstellen, werden sie zum Anlass nehmen, das Experiment abzubrechen. Diese Unternehmer haben einfach kein Vertrauen, dass Mitarbeiter aus Fehlern lernen respektive auch auf ihre Art erfolgreich sein können.

Entsprechend werden sie frustriert mit den Achseln zucken und denken: „Ich habe es doch gewusst.“ Sie ergeben sich wieder in ihr vermeintliches Unternehmer-Schicksal und stürzen sich wieder ins Tagesgeschäft. So lange, bis ihre Überlastung sie wieder in die Knie und damit in das nächste Experiment des Loslassens zwingt. Nur wird die Erfahrung sich wiederholen, weil die Rahmenbedingungen immer noch die alten sind. Die lassen andere Ergebnisse vielleicht gar nicht zu. So kann nie die Grundlage für ein dauerhaftes Loslassen entstehen: Das ist das Vertrauen, dass die Mitarbeiter die Aufgaben bewältigen können und wollen.

Solange diesem Unternehmer der Zusammenhang zwischen seinen inneren Sogkräften und dem Hamsterrad nicht bewusst ist, wird der Ausstieg tatsächlich schwer.

Und die gewünschte Sicherheit schaffen Sie damit auch nicht.

Teure Teilerfolge

Nur weil ein einzelnes Projekt durch Ihr Zutun gerade gut läuft, heißt das nicht, dass Sie dadurch Sicherheit für Ihr Unternehmen schaffen. Nur weil Sie gerade die verzwickte Aufgabe eines Mitarbeiters lösen konnten, sichert das noch lange nicht den Erfolg Ihres Unternehmens. Projekterfolg ist immer nur ein Teilerfolg.

Und diese operativen Teilerfolge wiegen Sie ganz leicht in trügerischer Sicherheit. Wenn Sie Ihre Hauptaufgabe, die zukunftsträchtige Gestaltung Ihres Unternehmens, darüber vernachlässigen, haben Sie nichts gewonnen. Im Gegenteil.

Der Status quo mag für den Moment genügen. Doch spätestens, wenn eine größere Neuentwicklung Ihr Unternehmen unversehens trifft – sei es durch eine technische Innovation oder einen Konjunktureinbruch –, dann ist es mit der Schönwetterfahrt vorbei. Dann kann die veränderte Lage wie eine große Welle auf Ihr Unternehmen zukommen, die Sie kalt erwischt – denn Sie hatten vor lauter operativer Arbeit ja keine Zeit, entsprechende Vorkehrungen zu treffen.

Und zu diesem Versäumnis kommt noch etwas dazu …

Sturmtraining

Sie trauen Ihren Mitarbeitern nichts zu und reißen immer wieder das operative Steuerrad an sich? Klar, was Ihre Mitarbeiter dann denken: „Ach, wenn es hakt, kommt eh der Chef. Dann soll er es halt machen, wie er denkt. Ich bin da raus." Böse gesagt, gewöhnen Sie auf diese Art auch Ihren motiviertesten Mitarbeitern ab, die Verantwortung für ihr Handeln selbst zu übernehmen. Dann haben Sie sie erfolgreich demotiviert. Und wenn die dann doch einmal vor einer Entscheidung stehen, haben sie keine Übung darin.

In diesem Sinne sind Sie als Unternehmer wie der Trainer einer Fußballmannschaft. Stellen Sie sich vor, während Ihres Trainings kommt heftiger Wind auf.

Sie können entweder das Training abblasen, weil Sie sagen: „Jungs, mit dem Wind kommt ihr eh nicht klar. Gehen wir lieber für den Teamgeist gemeinsam ein Bier trinken." Oder Sie können sich freuen und die Trainingseinheit extra verlängern: „So, Männer, jetzt üben wir, wie wir den Ball unter diesen Bedingungen noch härter in die Maschen knallen!" Denn wer weiß: Vielleicht kommt es im entscheidenden Meisterschaftsspiel zu einem heftigen Wetterumschwung. Dann haben Ihre Stürmer die besseren Karten, den Ball trotz heftigen Gegenwinds gezielt im Kreuzeck unterzubringen ...

Übung unter schwierigen Bedingungen macht den Meister, bei Spielern wie bei Mitarbeitern.

Im Unternehmen verfolgen Sie und Ihre Mitarbeiter zwar grundsätzlich das gleiche Ziel – den Unternehmenserfolg –, aber Ihre Beiträge dafür sind ganz unterschiedlicher Natur.

Platz oder Bank?

Der Unternehmer ist der Rahmengestalter für den Erfolg, der Mitarbeiter agiert in diesem Rahmen.

Für ein funktionierendes Unternehmen benötigen Sie beides, so wie Sie beim Fußball Trainer und Spieler brauchen. Gewinnen wollen alle Beteiligten, aber dafür gehen sie gemäß ihren Rollen aus unterschiedlichen Blickwinkeln an das Spiel heran.

Doch gerade wenn Sie ehemaliger erfolgreicher Stürmer sind, fällt dieser Perspektivwechsel schwer. Das kann ich Ihnen aus eigener Erfahrung berichten: Ganz zu Beginn meines Unternehmerseins hat es mir sehr geholfen, dass ich interdisziplinär ausgebildet bin. Denn so konnte ich bei vielen operativen Tätigkeiten fachlich mitsprechen. Im Laufe der Jahre hat sich dieser Vorteil als Nachteil entpuppt. So kam es, dass dadurch, dass ich ständig zu operativen Fragen hinzugezogen wurde – oder mich eingemischt habe –, weder meine Mitarbeiter sich weiterentwickeln konnten noch ich.

Deshalb habe ich eine klare Entscheidung für mich getroffen: Meine Mitarbeiter wollen und sollen sich auf fachlichem Gebiet entwickeln dürfen – ich mich im Bereich der Unternehmensführung.

Ja, das erfordert neben dem Loslassen auch eine Menge Geduld. Um bei dem Fußballbild zu bleiben: Ich habe dazu geneigt, in schwierigen Situationen mich selbst einzuwechseln und den Ball höchstpersönlich ins Tor zu jagen.

Das hat uns vielleicht den einen oder anderen Sieg verschafft, aber auf lange Sicht wäre uns das zum Verhängnis geworden. Den etatmäßigen Stürmern hätte die Übung und das Erfolgserlebnis gefehlt, mir hätte der Weitblick, den ich vom Spielfeldrand habe, gefehlt. Blöde Sache.

Klar, wenn Sie sich als Unternehmer aus dem operativen Geschäft herausnehmen und sich damit als ehemaliger Stürmer auf die Trainerbank Ihres Teams setzen, gehen Sie ein Risiko ein.

Das wahre Risiko

Vielleicht trifft Ihr Stürmer nicht gleich in der ersten Saison, wie Sie in Ihrer letzten. Vielleicht geht dadurch auch einmal ein Spiel unnötig verloren. Aber worum geht es Ihnen? Um das Spiel oder um die Meisterschaft oder um den langfristigen Erfolg Ihres Vereins?

Das Risiko, die Meisterschaft zu verlieren, ist eindeutig größer, wenn der Trainer immer wieder selbst mitmischt. Die scheinbare Sicherheit, die Sie gewinnen, wenn Sie immer wieder ins operative Geschäft hineingehen, ist viel riskanter.

Machen Sie sich diesen Zusammenhang bewusst und Sie nehmen der Sogkraft „Sicherheit durch Einmischung" ihre verhängnisvolle Macht. Diese Einsicht hilft Ihnen auch gegen die Sogkraft Nr. 2 ...

12 VER-TRAUEN IST

GUT …

Auch die zweite Sogkraft in Richtung Hamsterrad hat einen Namen. Der lautet „Vertrauen“ – oder besser gesagt „fehlendes oder enttäuschtes Vertrauen“.

Vordergründig geht es dabei um das Vertrauen, das Sie als Unternehmer in Ihre Mitarbeiter haben. Denn je nachdem, wie dieses aussieht, gestalten Sie ganz automatisch auch die Zusammenarbeit in Ihrem Unternehmen. Die Kette ist leicht nachvollziehbar: Stellen Sie sich vor, Sie haben bei einem Mitarbeiter – aus welchen

Gründen auch immer – nicht das Vertrauen, dass er eine bestimmte Aufgabe meistern wird. Entsprechend haben Sie kein Zutrauen in seine Fähigkeit und/oder Bereitschaft, die Aufgabe ernsthaft und verantwortungsvoll zu übernehmen. Unwahrscheinlich, dass Sie ihn dann überhaupt damit betrauen, nicht wahr?

Diese Folge läuft im Kopf oft unbewusst ab. Das heißt, Sie müssen sich noch nie explizit Gedanken gemacht haben, wie viel Vertrauen Sie Ihren Mitarbeitern schenken: An der Art, wie Sie Ihr Unternehmen aufgezogen haben, können Sie ablesen, welcher „Typ" Sie sind.

Denn es gibt aus meiner Sicht drei Grundtypen. Um es gleich vorweg zu schicken: Alle drei sind OK, haben ihre Berechtigung und können Erfolge vorweisen. Warum Sie das Kapitel trotzdem lesen sollten: Falls Sie das Gefühl haben, dass Ihr Unternehmersein nicht so ist, wie Sie es sich erhofft haben, wenn das Hamsterrad Sie quält oder Sie sich oft einfach wie im falschen Film fühlen: Das könnte am Thema Vertrauen liegen. Und vielleicht ist das Ihr wirksamster Hebel für Veränderung.

Die Erkenntnis, wo Sie in diesem Punkte gerade stehen, wäre der erste Schritt dahin, an diesem Hebel zu ziehen. Schauen Sie sich die drei Typen deshalb ruhig einmal an.

Der Kontroletti

Da steht zum Ersten der Command-and-Control-Typ: Er ist der, der alles unter Kontrolle hat und im Unternehmen die Ansagen macht. Klar und präzise.

Manchen Vertreter dieses Typs erkennen Sie allein an seiner Sprache. Die mutet schon fast militärisch an, wenn der Unternehmer davon spricht, dass seine Mitarbeiter „an der Kundenfront" arbeiten, sich die Firma „im Wettbewerbskampf" befindet oder Informationen „in der Meldekette" verloren gegangen sind.

Der Command-and-Control-Typ hat in seinem Unternehmen alle Fäden in der Hand. Er lässt sich auch eher ungern in seine Entscheidungen hineinreden. Dementsprechend ist er auch kein Freund von übermäßiger Transparenz im Unternehmen: Schließlich nimmt er seinen Mitarbeitern ja die Last der Entscheidungen ab, also müssen sie auch nicht alles wissen.

Er hat noch aus einem anderen Grund eine Abneigung gegen hemmungslose Transparenz: Nach wie vor ist es gesellschaftlich verpönt, über Geld zu sprechen. Ganz nach dem Motto „Über Geld spricht man nicht, man hat es" fühlt es sich für ihn unanständig an, mit seinen Mitarbeitern offen über Gehälter, Kosten,

Gewinne und Verluste zu sprechen.

In solchen Unternehmen finden Sie in der Regel klar geregelte Hierarchien und Zuständigkeiten. Für jeden Vorgang gibt es Checklisten. Es weht ein patriarchalischer Geist durch die Gänge – vielleicht nicht in der Attitüde, aber in der Haltung.

Ich habe oft den Eindruck, dass dieser Unternehmertyp in seiner Firma kein Spielfeld zur Gestaltung sieht, sondern eher so etwas wie eine Kompanie. Er ist überzeugt, dass es in jeder Organisation einen braucht, der das Zepter in die Hand nimmt – sonst geht nichts voran.

Auch wenn diese Beschreibung ein bisschen nach Feldwebel klingt: Diese Unternehmer treten nicht unbedingt so auf. Sie können durchaus sympathisch und umgänglich sein. Das sind keine Blödmänner oder Tyrannen! Sie haben nur ein ausgeprägtes Sicherheitsbedürfnis und haben irgendwann entdeckt, dass sie das Gefühl der Sicherheit vor allem dann haben, wenn sie klare Vorgaben machen und deren Einhaltung engmaschig überwachen.

Der Command-and-Control-Typ vertraut grundsätzlich erst einmal nur sich selbst. Seine Mitarbeiter starten in Sachen Vertrauen grundsätzlich bei null, sie müssen sich das Vertrauen des Unternehmers erst extrem hart erarbeiten.

Auf diese Weise kommt durchaus eine gewisse Qualität zustande. Und so gibt es unzählige Beispiele dafür, dass entsprechend geführte Unternehmen erfolgreich sein können.

Wenn ich mich mit Unternehmern mit dieser Grundhaltung über das Thema Vertrauen unterhalte, höre ich von ihnen mit großer Sicherheit schnell folgendes Argument: „Am Ende trage doch immer ich die volle Verantwortung. Deshalb hat das mit dem Vertrauen in meine Mitarbeiter eine natürliche Grenze."

Und – ja – der erste Satz entspricht den Tatsachen: Sie als Unternehmer sind im Endeffekt für alles verantwortlich, was in Ihrer Firma passiert. Das ist das unternehmerische Risiko, das immer an Ihnen hängen bleibt. Der zweite Teil des „Arguments" jedoch beruht auf einem Glaubenssatz: dass Sie im Grunde es immer besser können als Ihre Mitarbeiter und dass Sie glauben, dass, wenn Sie es selbst kontrolliert haben, Ihr Risiko kleiner ist.

Das heißt, dass das vermeintliche Killerargument kein Argument, sondern eine Glaubenssache ist.

Der zweite Typ ist das komplette Gegenteil des Command-and-Control-Unternehmers.

Der Hoffnungsvolle

Für den Trust-and-Hope-Typ steht Vertrauen ganz oben in seinem Führungsverständnis. Er hat gemerkt: Das Thema Vertrauen ist die Basis dafür, Mitarbeiter zu entwickeln, zu befähigen und zu motivieren. Er glaubt, dass solche Mitarbeiter sein Unternehmen am Ende erfolgreicher machen als die, die über Vorgaben gesteuert werden.

Deshalb macht er seinen Leuten schon bei der Einstellung deutlich: „Du bist jetzt ‚mein' Mitarbeiter – deshalb schenke ich dir mein volles Vertrauen. Zu 100 Prozent! Ich hoffe, dass du dich bestmöglich für meine Firma einsetzt und jeweils die bestmöglichen Entscheidungen triffst."

Und so hofft er, dass sein Team diesem Anspruch gerecht wird: Den Freiraum gibt er ihnen, gekoppelt mit der Überzeugung, dass die das schon machen werden. Er lässt die Dinge laufen, anstatt sie zu gestalten und bleibt passiv. Auch eine direkte Kontrolle übt dieser Unternehmer nicht aus. Erst an den Ergebnissen stellt er irgendwann fest, ob alles in seinem Sinne gelaufen ist – oder auch nicht. Entsprechend glücklich oder enttäuscht ist er am Ende.

Der dritte Typ sortiert sich zwischen diesen beiden Extremen ein.

Der Nachvollzieher

Der Trust-and-Track-Typ schenkt seinen Mitarbeitern wie der Trust-and-Hope-Typ vollstes Vertrauen, allerdings gibt er ihnen klare Rahmenbedingungen, an denen sie sich zu orientieren haben.

Und damit die Mitarbeiter selbst nachvollziehen können, wo sie mit ihren aktuellen Handlungen in diesem Orientierungsrahmen stehen, sorgt dieser Unternehmertyp für transparente Informationen und entsprechende Trackingtools. Dadurch erhalten sie Einblick in Erfolge und Misserfolge des Unternehmens. Wenn man so will, können die Mitarbeiter den Punktestand des Unternehmens in Echtzeit verfolgen. Das ist ein bisschen wie bei einem Fitnesstracker oder bei einem Basketballspiel.

Bei einem solchen Spiel geht es mindestens so rasant zu wie im Unternehmensalltag und es ist nicht leicht, den Überblick zu behalten: Da gibt es Ein-, Zwei- oder Drei-Punkte-Würfe, es gibt ständig kleine und große Unterbrechungen, bei denen die Zeit angehalten wird, sowie diverse Verwarnungen für die Spieler. So kann in der Hitze des Gefechts kaum jemand die Punkte mitzählen, geschweige denn die verbleibende Spielzeit einschätzen. Aus diesem Grund gibt es das Scoreboard.

Auf dieser Anzeigetafel werden insbesondere der Punktestand und die verbleibende Spielzeit angezeigt. Nicht nur die Zuschauer können immer wieder auf das Scoreboard schielen, sondern auch die Spieler. Und die können ihre Entscheidungen im laufenden Spiel danach ausrichten.

Wenn zum Beispiel ein Spieler auf dem Board ablesen kann: „Aha, nur noch zwei Sekunden zu spielen und wir liegen nur zwei Punkte zurück", unterstelle ich mal, dass er denkt: ‚Den Ball noch einmal zu passen, wäre nicht klug. Ich stehe gerade in dem Teil des Spielfelds, von dem aus ein Korb drei Punkte bringt: Also versuche ich das doch!'

Darauf vertraut der Trust-and-Track-Unternehmer: Er bietet die nötige Transparenz und schult seine Mitarbeiter darin, die Scores zu lesen. Er vertraut darauf, dass seine Mitarbeiter auf diese Weise in der Lage sind, die jeweils beste Entscheidung zu treffen.

Sie sehen: Jeder Typ hat seine Eigenheiten.

Und bei jedem tun sich andere Fallen auf, die den Unternehmer ins Hamsterrad purzeln lassen.

Die Hoffnungsfalle

Erst einmal sind es die Mitarbeiter des Trust-and-Hope-Typs, die ein Problem haben: Ihnen fehlen oft Orientierungspunkte für ihr Verhalten und ihre Entscheidungen. Sie agieren gefühlt im luftleeren Raum. Deshalb bleibt ihnen nichts anderes übrig, als nach bestem Wissen und Gewissen zu entscheiden. Das ist nicht böse gemeint und auch objektiv vielleicht nicht schlecht. Aber es sind eben ihre persönlichen Entscheidungskriterien und die müssen nicht deckungsgleich sein mit denen, die der Unternehmer anlegen würde und stillschweigend erwartet.

Deshalb sind die Chancen der Mitarbeiter, das in sie gesetzte Vertrauen zu bestätigen, nicht sehr hoch. Im Ergebnis werden Trust-and-Hope-Unternehmer deshalb sehr oft in ihren Erwartungen enttäuscht. Sie fühlen sich gezwungen, immer und immer wieder selbst operativ einzugreifen. Zumindest so lange, bis sie entweder frustriert zu Command-and-Control-Typen mutieren oder bis sie ihr eigenes Versäumnis erkennen.

Denn von wem sollen die Mitarbeiter passende Orientierungspunkte erhalten können außer vom Unternehmer?

Die Kontrollfalle

Der Command-and-Control-Typ versucht ja mit seinen klaren Vorgaben und der Kontrolle, Sicherheit und Erfolg zu gewinnen. Er ist sich allerdings der Kollateralschäden, die er damit setzt, nicht bewusst. Paradoxerweise untergräbt er damit nämlich wieder die Sicherheit und den Erfolg, den er anstrebt.

Vielleicht ist es Ihnen schon einmal aufgefallen: Solche Unternehmer beschweren sich oft darüber, dass ihre Mitarbeiter so wenig Initiative ergreifen. Ich erinnere mich an ein Gespräch bei einem Kongress, bei dem mein Gegenüber klagte: „Meine Mitarbeiter machen alle nur Dienst nach Vorschrift."

Ich fragte: „Welche Vorschrift?"

Er: „Meine natürlich, schließlich müssen die Mitarbeiter ja wissen, was sie zu tun haben."

Ich: „Und das machen die auch?"

Er: „Ja, klar."

Ich: „Dann ist ja alles in Ordnung, nicht wahr?"

Stellen Sie sich vor, Sie sind der Herr Maier aus der Buchhaltung und Ihr oberster Chef, der Herr Weber, ruft Sie jeden Tag an, ob Sie alle Zahlungseingänge registriert und die fälligen Mahnungen rausgeschickt haben. Klar fühlen Sie sich kontrolliert und Sie fragen sich: Traut mir der Weber den Job nicht zu, oder was?

Schon möglich, dass es auch Mitarbeiter gibt, die sagen: Super, wenn der Weber eh alles kontrolliert, ist der auch dafür verantwortlich, wenn hinterher doch etwas nicht stimmt. Eine alte Bundeswehr-Weisheit sagt: „Melden macht frei!" Mit dem Melden wandert die Verantwortung zu dem Nächsthöheren, der die Meldung bekommt. Jetzt hat der den Druck. Wenn Sie als Unternehmer Ihre Mitarbeiter laufend kontrollieren, machen Sie dauernd Angebote, so eine „Meldung zu machen". Sie ziehen die Verantwortung gefühlt wieder an sich, Ihr Mitarbeiter ist gedanklich erst mal raus – auch wenn das vielleicht gar nicht Ihr Ziel war.

Aus diesem Grund fühlen sich die Unternehmer vom Command-and-Control-Schlag in der Regel noch mehr unter Druck als die anderen beiden Typen.

Denn auch wenn es den Anschein hat: Kontrolle ist nichts Machtvolles. Im Gegenteil.

Verschone mich damit

Der Effekt ist der gleiche wie wenn Sie körperliche Schmerzen haben und in eine Schonhaltung verfallen: Sie spüren eine schmerzhafte Steifigkeit in der Schulter, Sie bewegen sie deshalb nur noch so wenig wie möglich und prompt wird die Schulter noch steifer – ein Teufelskreis. Auf die Firma übertragen kontrolliert der Unternehmer Weber den Herrn Maier, weil er diesem nicht zutraut, die Verantwortung für sein Handeln zu übernehmen, und verschont ihn davor. Doch kann der so Geschonte sich weder das nötige Vertrauen von Herrn Weber erwerben noch eigene Sicherheit gewinnen, um beim nächsten Mal die Verantwortung zu übernehmen. Auf Dauer gewöhnt sich der Herr Maier es regelrecht ab, sich verantwortlich zu fühlen.

Für den Command-and-Control-Unternehmer Weber geht sein Vorgehen auch sich selbst gegenüber in eine Schonhaltung: Er verschont sich vor der Unsicherheit, die er spürt, wenn er sich nicht tagtäglich erkundigt, ob alles in Ordnung ist.

Auf diese Weise wird er sich nie darin üben, die Unsicherheit auszuhalten und Herrn Maier zu vertrauen.

So ist das: Schonhaltung produziert immer das Gegenteil von dem, was Sie damit bezwecken. Und dauernde Kontrolle zur Druckentlastung führt zu noch mehr Druck für den Unternehmer, sich immer wieder in die operative Arbeit einzubringen.

Doch was heißt eigentlich „Kontrolle"?

Messen oder nicht messen?

Das eigene Kontrollverständnis hat einen unterschätzten Einfluss darauf, wie sehr Sie sich der Hamsterrad-Sogkraft des fehlenden oder enttäuschten Vertrauens in Mitarbeiter aussetzen.

So wie der Begriff meist verwendet wird, schwingt immer ein unangenehmer Beigeschmack von Machtmissbrauch mit. Viele Trust-and-Hope-Unternehmer lehnen Kontrollinstrumente deshalb prinzipiell ab. Dabei ist der Begriff lange nicht so eindimensional, wie die meisten denken. Denn es kommt immer darauf an, was Sie eigentlich kontrollieren wollen – oder überhaupt können.

Bei Prozessen oder Finanzen lässt sich Ihr Unternehmenserfolg ziemlich genau – oft bis auf den letzten Eurocent – messen und entsprechend kontrollieren. Aber was ist mit dem Erfolg jenseits der Zahlen? Wie ist die Stimmung bei den Mitarbeitern? Wie zufrieden sind die Kunden?

Heute leugnet meines Wissens kein Unternehmer mehr, dass diese weichen Faktoren für den langfristigen Erfolg mindestens genauso wichtig sind wie die harten. Doch egal, wie hochentwickelt Ihre Messtechniken sind: Solche informellen Größen können Sie nicht wirklich messen. Oder anders formuliert: Diese Gefühlswerte sind nicht quantifizierbar! Ein Albtraum für Command-and-Control-Typen.

Sie müssen erkennen, dass ihre Kontrolle da endet, wo es spannend wird. Ab dieser Grenze der Messbarkeit müssen sie darauf vertrauen, dass ihre Mitarbeiter gute Arbeit leisten. Das widerstrebt ihnen zutiefst und macht die Sogkraft des operativen Kontrolldrangs nur noch stärker. Und das Ergebnis in der Regel nicht besser.

Denn denken Sie an das Basketballbeispiel zurück: Nur noch zwei Sekunden zu spielen und das Team des ballführenden Spielers liegt mit zwei Punkten zurück.

Stellen Sie sich vor, es gäbe das Scoreboard nicht und Sie wären der Trainer, der vom Spielfeldrand den Überblick hat. In dieser Situation würden Sie vermutlich Ihren Spielern zubrüllen: „Gleich ist Schluss! Mach' sofort den Drei-Punkte-Wurf!", und grimmig schauen. Command-and-control. Der Spieler erschrickt durch die laute Ansage womöglich, wird unkonzentriert und reagiert zu spät. Aber: Er hat die Anweisung befolgt und Sie hatten alles unter Kontrolle – nur gebracht hat es nicht viel.

Gibt es jedoch das Scoreboard, braucht es Ihr Eingreifen als Trainer gar nicht …

Das Schweigen des Trainers

Mit Blick auf das Scoreboard ist dem Spieler klar, dass es jetzt auf ihn ankommt! Er hat sich deshalb gedanklich vorbereitet und weiß, dass er neben dem Drei-Punkte-Wurf noch eine weitere Optionen besitzt: Er könnte näher an den Korb laufen und durch einen weniger riskanten Zwei-Punkte-Wurf ein vorläufiges Unentschieden sichern – oder sich dabei vielleicht gleich noch foulen lassen, um den Sieg mit einem anschließenden Freiwurf zu holen.

Er kann in dieser Millisekunde, die ihm für die Entscheidung bleibt, selbst am besten die Lage einschätzen und das Richtige tun. Er kann die Verantwortung deshalb besser übernehmen als Sie, der Trainer. Sie dürfen schweigen, denn er kann das Vertrauen, das Sie in ihn setzen, ganz alleine erfüllen.

Das ist der Vorteil des Kontrollverständnisses, wie es der Trust-and-Track-Typ hat. Er bietet seinen Mitarbeitern ein Scoreboard, auf dem sie quasi die Zwischenstände des Unternehmens und die Rahmenbedingungen einsehen und die richtigen Schlüsse für ihr Handeln ziehen können. Wie der Basketballtrainer kann der Trust-and-Track-Chef darauf vertrauen, dass sich seine Mitarbeiter für diese Situation maximal vorbereiten und alles geben werden. Denn welcher Mitarbeiter hat schon ein Interesse daran, dass sein Arbeitgeber morgen pleitegeht und das Spiel verliert?

Trust-and-Hope-Unternehmer dagegen lehnen ja Kontrollinstrumente maximal ab. Sie verzichten deshalb auch radikal auf Instrumente zur Selbstkontrolle für die Mitarbeiter, also Trackingtools aller Art. Damit erinnern sie mich mehr an Basketball-Jugendtrainer: Die setzen das Scoreboard noch nicht ein, weil die Kinder erst einmal den Spaß am Spiel entwickeln sollen und nicht gleich auf Leistung.

Ich finde diesen Ansatz in dieser Altersgruppe klasse, denn Persönlichkeitsentwicklung und Kreativität im Spiel werden dadurch gefördert – der Ernst kommt später dazu. Im Unternehmen allerdings geht es bei aller Arbeitsfreude auch um den Ernst der schwarzen Zahlen …

Welches Verständnis von Kontrolle Sie bevorzugen und welchen Unternehmertyp Sie verkörpern wollen: Ihre Entscheidung. Wichtig wäre nur, dass Sie einen Blick dafür bekommen, wo Sie stehen und welche Auswirkungen das auf die Kraft Ihres Hamsterradsoges hat. Kommen Sie damit klar, wie es ist, oder wollen Sie etwas ändern?

13
DAFÜR BIN ICH JA DA

Was ist für Sie ein „Chef"? Was macht der den ganzen Tag? Wofür ist der eigentlich zuständig? Das mag erst einmal nach blöden Fragen klingen, schließlich ist ein Chef ein Chef. Aber ich bin mir sicher: Würde ich hierzu eine Umfrage starten, bekäme ich genauso viele unterschiedliche Antworten wie Teilnehmer an der Umfrage. Das ist ganz ähnlich, wie wenn Sie X-beliebige Gesprächspartner fragen, was denn ein Unternehmer ist und was der den ganzen Tag tut …

Es hängt jedoch viel davon ab, wie *Ihre* Auffassung vom Chefsein aussieht.

Denn die ist maßgeblich dafür verantwortlich, wie anfällig Sie für den – neben dem Sicherheitsdrang und dem grundständigen Misstrauen gegenüber Mitarbeitern – dritten Hamsterrad-Sog sind.

Deshalb ist es so wichtig, dass Sie Ihre Antwort kennen! Also los: Was ist für Sie ein Chef?

Da muss ich den Chef fragen ...

In den Antworten, die ich zu hören bekomme, fallen oft Beschreibungen wie Motivator, Antreiber, Vorangeher, Kopfhinhalter oder Durchgreifer. Der Begriff, der eindeutig am häufigsten fällt, ist der des „Bestimmers“. Der Chef ist der, der die Entscheidungen trifft und für die Konsequenzen geradesteht. Aha, aufgepasst, denn an dieser Stelle kommen wir der Sogkraft näher.

An dieser Antwort, dass ein Chef der ist, der entscheidet, schließt sich nämlich sofort die Frage an: Muss dieser Bestimmer-Chef immer der Unternehmer sein? Bedeutet Unternehmersein automatisch Chefsein?

Darauf kann der Command-and-Control-Unternehmer kaum anders antworten als mit einem klaren „Ja“.

Für ihn liegt die Kernaufgabe des Unternehmers darin, die Entscheidungen zu treffen. Schließlich hat er die Verantwortung für den ganzen Laden und muss im Endeffekt für alle Entscheidungen geradestehen. Wie soll er hinter Entscheidungen stehen, die er nicht selbst getroffen hat? Viel zu unsicher!

Deshalb bekommen Sie in seinem Unternehmen immer wieder von Mitarbeitern zu hören: „Das darf ich nicht entscheiden, da muss ich den Chef fragen."

Da für den Command-and-Control-Unternehmer er selbst immer gleichzeitig der Chef sein muss, bleibt ihm kaum etwas anderes übrig, als seine Firma zentralistisch mit sich als Mittelpunkt zu gestalten und die Entscheidungswege klar durchzukaskadieren. Er fühlt sich ja zwingend in der Entscheidungsverantwortung. Wofür soll er sonst da sein?

Und so greift diese Sogkraft des Hamsterrads bei ihm extrem an – mehr als bei den Trust-and-Hope- und den Trust-and-Track-Typen. Solange Sie sich bewusst oder unbewusst der Command-and-Control-Schiene hingeben, kommen Sie nämlich nie aus dem operativen Geschäft raus. Wie auch? Wenn Sie es als Ihren Chef-Job ansehen, alle Entscheidungen zu treffen, haben Sie keine andere Chance. Was aber nicht heißt, dass Sie als Unternehmer keine andere Chance hätten ...

Wer ist hier der Chef?

Meine kleine Tochter fragte mich bei einem Besuch in der Firma einmal: „Papa, bist du der Chef hier?"

Ich kam tatsächlich ein bisschen ins Stottern. Wie sollte ich ihr das erklären?

Nach kurzem Überlegen antwortete ich ihr: „Weißt du: Bei uns gibt es ganz viele Chefs. Und wer jetzt gerade Chef ist, das hängt davon ab, welche Entscheidung gerade getroffen werden soll. Wenn es Dinge sind, die ich gut entscheiden kann, weil ich die Erfahrung und das Wissen habe, dann bin ich der Chef und entscheide. Stehen allerdings Entscheidungen an, die ich gar nicht gut entscheiden kann und irgendjemand in der Firma kann das besser: Dann ist der der Chef und entscheidet. Das kann auch mal ein Azubi oder eine unserer Raumpflegerinnen sein."

Sie schaute mich zweifelnd an und wandte ein: „Aber Papa, da draußen steht doch dein Name. Das ist doch deine Firma?!"

Ich erwiderte lächelnd: „Ja, das ist richtig. Ich hatte die Idee dafür und habe darauf das Geschäft gegründet. Ich bleibe also für immer der Gründer.

Und ich bin der Unternehmer. Das ist der, der dafür sorgt, dass die ganzen Chefs, die wir hier so haben, super arbeiten können. Damit unsere Kunden am Ende sagen: Diese Firma ist besser als alle anderen, deshalb bleiben wir ihr treu."

Meine Tochter überlegte kurz, dann ging ein zufriedenes Grinsen über ihr Gesicht: „Aha, ich hab's verstanden! Du bist also Chef, auch wenn du nicht immer Chef bist. Alles klar, Papa."
Ich nickte.

Chef oder Unternehmer?

Sie sehen: Hinter dem Chefsein kann auch eine andere Idee stecken. Diese ist nicht so allgegenwärtig wie die Gleichung Chef = Unternehmer, die einfach eine ewig lange Tradition hat und deshalb in den Köpfen drin ist.

Die Gleichung ist ja auch nicht unbedingt falsch: Viele Unternehmer starten hauptsächlich wegen dieses Versprechens in die Selbstständigkeit. Sie wollen Chef sein. Der Rikschafahrer in Venice Beach hatte mir ja zum Beispiel explizit gesagt: „Ich will mich endlich nicht mehr machtlos den Entscheidungen meines Chefs beugen müssen.

Ich will selbst entscheiden können." Im Grunde wollte er erst einmal selbst Chef werden – und nicht unbedingt Unternehmer.

Die Entscheidung, welche Idee Sie vom Chefsein haben, wird in der Regel ja erst dann relevant, wenn Ihre Firma wächst. Solange Sie weniger als zehn Leute beschäftigen, zwingen Sie zumindest die äußeren Umstände nicht in diese Entscheidungs-Bredouille. Als Triple Agent aus Fachkraft, Manager und Unternehmer können Sie dann noch alle anstehenden Entscheidungen bewältigen – auch wenn Sie dafür im Hamsterrad laufen müssen. Doch mit der Zahl der Mitarbeiter wächst die Zahl der Aufgaben – und mit der Masse wächst der Druck, sich für Kernaufgaben zu entscheiden.

Und an diesem Punkt kann die Falle zuschnappen: Wenn Sie nicht wissen, dass es noch eine andere Idee vom Chefsein gibt als die, die Sie von klein auf mitbekommen haben, dann wissen Sie gar nicht, dass Sie hier eine Wahl haben. Sie dringen gar nicht bis zu der Frage vor, welche Kernaufgaben Sie als Unternehmer haben wollen.

Ich behaupte, dass sich die meisten Unternehmer deshalb diese Frage noch nie gestellt haben – geschweige denn, dass sie sich eine Antwort überlegt haben.

Dabei definiert diese Antwort ihren Auftrag an sich selbst – denn sie haben die Freiheit, diesen Auftrag nach ihren Wünschen und Bedürfnissen zu gestalten.

Doch sie haben nicht nur die Freiheit, ihn zu gestalten, sondern sogar die Pflicht. Schließlich gibt es nur einen, der dem Unternehmer einen Auftrag geben kann: Das ist der Unternehmer selbst.

Traum oder Albtraum?

Die andere Idee vom Chefsein, von der ich sprach und mit der Sie sich auf der Suche nach Ihrer Antwort auseinandersetzen können, hat massive Auswirkungen auf Ihren beruflichen Alltag. Wenn Ihre Kernaufgabe nicht das Entscheiden, sondern das Gestalten der Rahmenbedingungen im Unternehmen ist, müssen Sie nicht mehr automatisch in jedem operativen Kram involviert sein. Dafür haben Sie ja Ihre jeweiligen Fachleute eingestellt: Die haben nicht nur die nötigen Fähigkeiten dafür, sondern sind im Detail viel näher dran an der Situation und den Kunden.

Keine Entscheidungen mehr treffen müssen – oder dürfen. Klingt das traumhaft oder beängstigend für Sie?

Na ja, gar keine sind es ja nun auch nicht. Sie beschränken sich nur eben auf diejenigen, die mit Ihrer Kernaufgabe zusammenhängen. In diesen Dingen haben Sie zwar vorher auch schon mehr oder weniger bewusst entschieden, doch endlich haben Sie auch die nötige Zeit, sich mit diesen Entscheidungen zu befassen. Schließlich sind Sie aus dem operativen Hamsterrad ausgestiegen.

Nur Vorsicht: Die Sogkraft kann Sie hinterrücks doch wieder erwischen, denn Ihr Ausstieg bringt so einige Veränderungen mit sich ...

Und jetzt?

Stellen Sie sich vor, Sie haben es tatsächlich gestern geschafft, auch die letzte der operativen Aufgaben an Ihre Mitarbeiter zu übergeben. Dann sitzen Sie heute in Ihrem Büro und haben auf den ersten Blick nichts zu tun. Gratulation! Doch für viele Unternehmer fühlt sich diese Situation überhaupt nicht nach Freude an. Denn sie wollen ja etwas bewegen und bewirken. Und so regen sich in diesen Unternehmern in dieser vermeintlichen Luxussituation Gedanken wie: „Wozu braucht es mich jetzt noch? Habe ich mich gestern selbst abgeschafft?" Tschüss, Chef?

Treiben Sie das Gedankenspiel weiter: Mittlerweile sind zwei Wochen seit Ihrem letzten „Operativtag" vergangen und Sie merken: „Es läuft! Richtig gut!". Die einzelnen Mitarbeiter kommen bei den kleineren und größeren Anliegen, Beschwerden oder Ideen nicht mehr zu Ihnen, sondern fragen vielleicht Ihren operativen Geschäftsführer. Und was macht der Geschäftsführer? Er trifft souverän die Entscheidung – ohne Sie zu fragen.

„Hallo? Das war doch mal mein Job", denken Sie sich und stellen zugleich fest: „Vermissen tut mich gerade keiner." Diese Einsicht kann sehr schmerzhaft sein und vielleicht überkommt Sie eine erste Sinnkrise. Denn Sie fühlen sich nutzlos, weil Sie keine Selbstwirksamkeit mehr spüren.

Halten Sie die Fortsetzung Ihres Gedankenspiels noch aus? Dann hören Sie jetzt, wie – „Bämm!" – Ihr Vertriebsleiter durch Ihre Bürotür platzt. Sechs Wochen nach Ihrem letzten „Operativtag" steht er erstmals wieder vor Ihnen. Denn diese Nachricht ist für ihn zu groß, um sie Ihnen nicht direkt zu übermitteln: „Drei Millionen Euro! Der Auftrag ist sicher! Eben eingetütet, nächste Woche kommen die Papiere unterschrieben zurück. Geil, Chef, oder?

Ja, das ist fantastisch! Toll für das Unternehmen. Und auch für Sie als Unternehmer. Eigentlich. Denn irgendwie fühlen Sie sich nicht ganz wohl in der Situation. Da reklamiert einer einen Erfolg für sich, für den Sie früher die Lorbeeren geerntet haben. Das war die Zeit, als Sie die dicken Fische an Land gezogen – und sich damit Ihr Standing und die Autorität bei den Mitarbeitern gesichert haben: „Der Chef, der kann's!" – hieß es nach Ihren Vertragsabschlüssen. Nun aber wird Ihr Vertriebsleiter im Büro gefeiert und nach außen hin feiern Sie mit, doch innerlich macht sich auch so etwas wie Enttäuschung breit: Das hätten Sie mindestens genauso gut gekonnt. Doch diese Party ist nicht mehr Ihre, zumindest nicht mehr direkt …

Jogi Löw werden?

Sinnlos. Nutzlos. Wenn diese Gefühle in Ihnen auftauchen, nachdem Sie Ihre Chefentscheider-Rolle abgegeben haben, ist das ein Zeichen. Ein Zeichen dafür, dass Ihre Vorstellung davon, wo Ihre Kernaufgabe ab sofort liegt, noch nicht klar genug war. Denn sonst wären Sie besser darauf vorbereitet, dass es für die Rolle des Unternehmensgestalters selten direkten Applaus gibt. Das ist wie im Fußball:

Bundestrainer Jogi Löw war früher Stürmer beim SC Freiburg und durfte sich nach Toren von den Mitspielern und Fans feiern lassen. Doch als er Trainer wurde, musste er sich umstellen: Ab jetzt war er nicht mehr für das Toreschießen und das Bejubeltwerden zuständig. Von nun an ging es für ihn darum, am Seitenrand die Tore anderer Stürmer zu feiern. Seine Leistung besteht darin, dass er die richtigen Trainingsmethoden und Taktiken wählt, um die Spieler glänzen zu lassen. Deren Leistung bringt ihm Anerkennung – aber eben nicht den direkten Applaus nach einem Tor.

Genauso wie den Sprung vom Spieler zum Trainer sehe ich den Wechsel von der alten Chefentscheider-Rolle hin zur Unternehmer-Rolle. Wie Sie den emotional bewältigen, hängt zum großen Teil von Ihnen ab. Denn Sie können beim Anblick Ihres erfolgreichen Vertriebsleiters entweder Ihren vergangenen Erfolgen in der Rolle als Abschlussjäger nachtrauern – oder sich sagen: „Geil! Ich habe ihm ermöglicht, so einen Erfolg einzufahren." Wenn Sie den Rahmen so gestaltet haben, dass Ihre Mitarbeiter Millionenabschlüsse erzielen können, haben Sie vieles richtig gemacht. Daran erkennen Sie in Ihrer neuen Rolle Ihre Selbstwirksamkeit!

Der große Unterschied zu Joachim Löw besteht für Sie als mittelständischer Unternehmer allerdings darin, dass Sie nicht im Rampenlicht wie ein Bundestrainer stehen. Sie werden also nicht von TV-Moderatoren auf Ihre geniale Taktik angesprochen und von keinem Fußball-Kolumnisten dafür gerühmt. Im Normalfall klopft Ihnen keiner auf die Schulter oder streckt Ihnen bewundernd den aufgerichteten Daumen entgegen! Nein, als Unternehmer haben Sie meist nur eine Person, die Ihnen direkt Anerkennung zollt. Ahnen Sie, wer das ist?

Ausbildungsmangel

Falls Sie es noch nicht erraten haben: Sie müssen und dürfen das Schulterklopfen selbst übernehmen. Das ist neu, denn im Hamsterrad konnten Sie Ihre operativen Erfolge wenigstens direkt sehen. Jetzt brauchen Sie einen anderen Blick dafür, wo Sie sich Ihren Stolz hernehmen können.

Denn wie gut Ihnen Ihre Rahmengestaltung gelungen ist, können Sie nicht mehr an Messparametern ablesen, sondern nur noch selbst einschätzen. Kaum einer wird von außen auf Sie zukommen und sagen:

„Wie Ihre Mitarbeiter performen: Wow, das haben Sie toll gemacht!“ Also müssen Sie Ihren Wertmaßstab selbst kreieren und sich daran messen. Ich beobachte, dass das vielen Unternehmern schwerfällt. Und ich weiß auch, warum …

Kein Unternehmer hat „Unternehmersein“ gelernt. Es gibt keine Ausbildung dafür. Klar können Sie BWL, Jura oder Wirtschaftsingenieurwesen studieren – das mag Ihnen eine gute fachliche Voraussetzung für Ihre Laufbahn schaffen. Aber wie es ist, tatsächlich Chef oder Unternehmer zu sein, das erleben Sie erst in der Praxis. Unternehmersein ist Learning-by-doing. Und „Doing“ heißt in den ersten Jahren nach Gründung in aller Regel operative Arbeit bis zum Abwinken. Deshalb haben sich viele Unternehmer noch nie Gedanken darüber gemacht, was sie als ihre Kernaufgabe als Unternehmer betrachten. Und dass es einen Unterschied zwischen Chef- und Unternehmersein gibt.

Aus diesem Grund begegnen mir bei meinen Sparringspartnern die unterschiedlichsten Reaktionen, wenn ich mit ihnen auf das Thema zu sprechen komme.

Reaktionsmuster

Da gibt es Unternehmer, die erst einmal total überrascht sind: Sie hören zum ersten Mal von diesen unterschiedlichen Rollenverständnissen. Oft sträuben sie sich reflexhaft gegen die Vorstellung, dass sie sich ganz auf das Gestalten konzentrieren könnten. Oft haben sie bisher eine eher traditionelle Unternehmensauffassung: Mitarbeiter sind Mittel zum Zweck, genauso wie es die Firma ist. Und – ganz ehrlich – wem die Rolle des klassischen Chefs gefällt und wessen Firma damit erfolgreich ist: Warum sollte er etwas ändern?

Plagen den Unternehmer allerdings Zweifel oder hätte er gerne mehr Erfolg mit seiner Firma, kann ihn der Perspektivwechsel auch zu Veränderung anregen. Es bleibt stets die Wahl des Einzelnen, was er mit seiner neuen Erkenntnis anfängt.

Ich als Sparringspartner freue mich auch, wenn ein Unternehmer in unserem Gespräch einfach nur einen Blickwinkel auf sein Unternehmersein entdeckt, den er so noch nicht kannte – egal, ob er danach etwas verändert oder nicht. Es gibt ja auch die Unternehmer, die schon lange wissen, dass sie vieles anders machen könnten, es aus verschiedenen Gründen aber nicht tun …
Das sind ebenfalls oft Unternehmer der alten Schule.

„Das ist doch Schnickschnack“, würden diese sagen zu meinem Rollenbild des Gestalters, der zur eigenen Entfaltung seinen Mitarbeitern Freiheit und Vertrauen schenkt, und würden fortfahren: „Mitarbeiter wollen bezahlt werden, für das, was sie machen, und gut ist. Alles andere dankt dir keiner.“

Vielleicht würden sie auch den Kopf schütteln und mir in besorgtem Ton sagen: „Als Unternehmer hast du doch ohnehin schon so viel zu arbeiten. Und jetzt willst du auch noch Zeit in so etwas investieren? Du lieber Gott, da wird doch nie etwas daraus …“

Selbst wenn die Lage für das Unternehmen bedrohlich ist oder sich das Hamsterrad noch so schnell dreht: Ich glaube, dass weder der Command-and-Control-Unternehmer noch der der klassischen Prägung jemals die klassische Chefrolle abgeben würden, um sich nur noch der Unternehmer-Rolle zu widmen. Und das ist, wie gesagt, vollkommen OK.

Doch in meinen Gesprächen begegnen mir heute immer mehr Unternehmer, die nicht nur Lust haben auf einen Perspektivwechsel und Veränderungen, sondern richtiggehend darauf drängen – und dennoch zaudern, den *big step* ins Unternehmersein ganz zu vollziehen. Ich beobachte unter ihnen drei verschiedene Grüppchen.

Was noch fehlt

Da sind erstens die, die sich nicht trauen. „Das könnte ich gar nicht, das ist ein viel zu hoher Anspruch", sagen sie, „wenn ich jetzt mit dieser Art zu gestalten beginne, bleiben doch tausend andere Sachen liegen." Und so bleiben sie immer mit mindestens einem Bein im operativen Hamsterrad.

Andere wiederum – und das ist das zweite Grüppchen – bringen durchaus den Mut auf und das Selbstvertrauen mit, auch einen radikalen Schritt zu gehen – aber sie wissen nicht, wie. Sie haben keine Vorstellung davon,

wie sie in ihrer Firma ihren Traum vom Unternehmersein umsetzen könnten.

Und zum Dritten gibt es noch die, die ich als die Suchenden bezeichne. Sie wissen nur, dass sie etwas ändern wollen. Was ihr Traum ist, wohin die Reise überhaupt gehen soll – das wissen sie nicht. Unternehmern aller drei Gruppen hilft es meist, wenn sie Menschen finden, mit denen sie über die Situation reden können und die ihnen helfen, neue Ansätze und Möglichkeiten zu entdecken.

Doch ganz egal, in welchem „Unternehmersein-Stadium" Sie sich befinden: Mit der spannendste Punkt ist, was Ihr Antrieb ist, Ihren Perspektivwechsel anzustreben.

Im Prinzip gibt es nur zwei Möglichkeiten: Entweder Ihr Leidensdruck in der Hamsterrad-Chefrolle ist zu hoch oder Ihre Lust auf das Gestalten ist gewachsen. Dreimal dürfen Sie raten, welchen Antrieb ich in der Realität häufiger beobachte. Ich nehme mich da nicht aus: Auch ich musste erst in die Falle tappen.

Die meisten Unternehmer rennen so lange im Hamsterrad ihres Unternehmens, bis ihnen buchstäblich schwarz vor Augen wird …

TEIL 4

NICHTS GEHT MEHR ...

Was man sieht, wenn man am Boden liegt

Das ist der Zeitpunkt, vor dem sich alle Unternehmer fürchten: Von einem Moment auf den anderen nicht mehr zu „funktionieren". Wumm. Sie liegen am Boden und nichts geht mehr.

Ich habe zwar nicht den Eindruck, dass sich Unternehmer ständig Gedanken um diesen Fall machen – im Gegenteil, denn die meisten rechnen sich mehr oder weniger zur Helden-Fraktion: unverletzlich, unverwüstlich, last man (oder woman) standing. Entsprechend schieben sie die Vorstellung, dass sie sich eines Tages nicht mehr aktiv in ihr Unternehmen einbringen können, weit weg. Es kann nicht sein, was nicht sein darf. Und doch beschleicht sie der Gedanke daran in der ein oder anderen dunkle Stunde hinterrücks.

Darüber hinaus beobachtet jeder Unternehmer in seinem beruflichen Umfeld immer wieder, dass es selbst vermeintlich gestandene Kollegen aus den Latschen haut. Ich kann mir kaum vorstellen, dass Sie aus Ihrem Umkreis keinen solchen Fall kennen. Aber wie kommt es schlussendlich zu diesem Schlag?

Vom Himmel fällt er in der Regel nicht. Meist hat er eine jahre-, wenn nicht jahrzehntelange Vorgeschichte.

Was diese Vorgeschichte prägt und schließlich zum Ausfall führt – danach möchte ich mit Ihnen gemeinsam in diesem Teil des Buches fahnden.

Fahnden müssen wir deshalb danach, weil es eben nicht nur der „übliche Verdächtige" ist, der Unternehmer in die Krise treibt. Es gibt weitere, unbekanntere Gründe. Außerdem will ich mit Ihnen der Ursache auf die Spur kommen, warum Sie sich als Unternehmer glücklich schätzen können, solche Krisen zu erleben – auch wenn das zunächst wie Hohn klingt, weil sie sich erst einmal gar nicht nach Glück anfühlen.

14 SCHWARZ VOR AUGEN

Ich sage es Ihnen, wie es ist: Ich kenne keinen Unternehmer im Hamsterrad, dem noch nie zwischendrin schwarz vor Augen geworden ist. Früher oder später erwischt es jeden. Das ist keine Drohung, das ist Realität.

In einem Unternehmen läuft einfach nie alles glatt. Sie können noch so akribisch planen und hart arbeiten: Es wird anders kommen, als Sie dachten. Daran können Sie nichts ändern. Sie würden sich heillos überfordern, wenn Sie mit dem Anspruch an sich starten würden, alles voraussehen zu können. Die Ungewissheit gehört dazu – genauso wie Ihre Vorbereitung auf das Absehbare und Wahrscheinliche.

Doch mehr können Sie nicht machen.

Weil Sie also nicht alles planen können, werden Sie irgendwann an dem Punkt stehen, an dem der Druck Ihre Belastbarkeit übersteigt. Und dann wird Ihnen schwarz vor Augen.

Die meisten Unternehmer glauben zu wissen, was dieser Krise vorangeht: Ihnen ist nur eine Gefahr mehr oder weniger bewusst, die ihnen den Teppich unter den Füßen wegziehen könnte. Dabei sind es tatsächlich drei Gründe, die Sie als Unternehmer umhauen können – ich will sie mal die „schwarzen Ursachen" nennen.

Doch lassen Sie uns zunächst auf den „üblichen Verdächtigen" schauen …

Schwarze Ursache Nr. 1: Überlastung

Die Ursache, von der alle Unternehmer schon einmal gehört haben, heißt Überlastung. Zustande kommt sie durch ein massiv zu hohes Dauertempo im Hamsterrad.

Diese Art der Überlastung ist von außen meist leicht zu erkennen. Wenn Sie als Unternehmer sich um alles und jedes in Ihrer Firma kümmern, morgens der Erste und abends der Letzte im Büro sind, wenn Ihre Wochenenden nichts anderes als Arbeitstage in häuslicher Umgebung sind, Sie ständig 60- oder 80-Stunden-Wochen abliefern, kommt jeder zu dem Schluss: Das ist zu viel. Jeder – außer vielleicht Sie selbst.

Denn das ist die Krux des Hamsterrades: Von innen ist es nicht so leicht als solches zu identifizieren wie von außen. Und es gibt genügend Unternehmer, die es für völlig normal halten, rund um die Uhr für die Firma zu schuften. Es gehört für sie zum Job, dass sie nach Kräften operativ mitmischen und bestenfalls Aufgaben delegieren statt abzugeben. Wat mutt, dat mutt.

So eine kontinuierliche Überlastung hält aber selbst das stärkste Arbeitstier nicht aus. Jeder Mensch besitzt eine Stelle an Körper oder Geist, die nicht ganz so fit ist. Herz, Magen, Bandscheiben, Psyche – suchen Sie sich etwas aus. An dieser Stelle zeigen sich über die Zeit Ihre Hamsterrad-Blessuren. Und die tun Ihnen weh. Richtig körperlich weh.

Henne oder Ei?

Viele Unternehmer fluchen dann und geben ihren körperlichen Beschwerden die Schuld, dass es im Unternehmen nicht richtig läuft. Tatsächlich sind diese aber nur ein Symptom für das eigentliche Problem: Das sind sie selbst.

Wenn sie die Schmerzen schon nicht selbst auf die Idee bringen, dass dieser ganze Zinnober etwas mit dem Job zu tun hat, spricht sie hoffentlich wenigstens jemand wie ihr Ehepartner darauf an und fragt dringend: „Kannst du nicht um Himmels willen etwas an deiner beruflichen Lage ändern? Ich kriege wirklich Angst um dich.“

Nehmen wir mal an, Sie sind so ein Unternehmer: Wie Sie auf diesen Tiefschlag reagieren, hängt davon ab, was für ein Typ Sie sind:

Sind Sie vom Schlage „Klag’ nicht, kämpf’“, werfen Sie ein paar Ibuprofen ein, lassen sich Spritzen geben und stehen am nächsten Tag in der Firma, als wäre nichts gewesen. Ihre Entscheidung. Sie müssen aber kein Hellseher oder Prophet sein, um zu wissen: Das war nicht das letzte Mal, dass Ihnen schwarz vor Augen geworden ist. Und wie oft Sie es noch mit einigen Tabletten wieder hinkriegen, weiß auch keiner.

Sind Sie dagegen bereit, sich von der Heldennummer zu verabschieden, kann es sein, dass Ihnen gleich danach wieder schwarz vor Augen wird, weil Sie sich mit dem zweiten der möglichen Krisenauslöser konfrontiert sehen.

Schwarze Ursache Nr. 2: Überforderung

Dieser zweite Grund, warum es Unternehmer ausknockt, ist Überforderung und das ist eigentlich paradox. Denn in ihrem Hamsterrad erleben Unternehmer immer beides: sowohl Überlastung als auch Überforderung. Im Gegensatz zu der Überlastung kommen die meisten mit der Überforderung, die ihnen dort begegnet, jedoch gut klar. Sie ist ihnen schon fast so etwas wie Programm.

Die Neigung, ja fast der Spaß daran, sich ständig zu überfordern, hat sie oft erst in das Unternehmersein gelockt. Sie können auf die Art ihre Neugierde und ihr Entdecker-Gen ausleben und fühlen sich dabei voll in ihrem Element. Sie lernen und schaffen Innovationen. Diese Erfüllung versetzt sie in die Lage, sich von der Überforderung in der Regel nicht überfordert zu fühlen. Diese bringt solche „Abenteurer“ sogar in einen Flow – ganz einfach, weil der Ausgleich für sie da ist.

Deshalb halte ich es auch für daneben, gestressten Unternehmern zum „Abschalten“ zu raten. Das konnte vielleicht Peter Lustig aus der Kindersendung „Löwenzahn“, der zum Ende jeder Folge seine Zuschauer zum Abschalten aufforderte – denn er meinte den Fernseher. Das Abschalten, zu dem üblicherweise geraten wird, klingt in meinen Ohren wie eine Drohung, denn das heißt ja, dass ich dann nicht voll da und präsent bin. Die Vorstellung finde ich furchtbar. Und ich weiß, dass das vielen Unternehmern auch so geht. Die sind oft richtiggehend erleichtert, wenn sie erkennen, dass es bei der Stressreduktion nicht um Abschalten, sondern um Umschalten geht: um das Umschalten von einem Kontext auf den anderen.

Das heißt, dass Sie in einer Situation ganz bewusst aus Ihrer Rolle als Unternehmer rausgehen und in Ihre Rolle zum Beispiel als Familienvater reingehen. Dieses bewusste Umschalten fällt am Anfang nicht leicht. Um diese Schwierigkeit zu überwinden, habe nicht nur ich gute Erfahrungen mit Ritualen gemacht, die diesem Umschalten einen Anker geben. So lege ich, wenn ich von der Arbeit nach Hause komme, die Firmenschlüssel an einen festen Platz und streife die Straßenschuhe ab. In dem Moment, in dem meine Füße in meine Pantoffeln gleiten, gehe ich raus aus meiner Unternehmer-Rolle und hinein in die Rolle des Familienmenschen.

Dieses Umschalten fördert den Ausgleich für die Überforderung.

Eine Überforderung *ohne* Ausgleich erleben diese Unternehmer – Achtung, Überraschung – erst in dem Moment, in dem sie aus dem Hamsterrad aussteigen. Dabei ist es egal, ob sie aus einem Leidensdruck heraus die Notbremse ziehen oder aus Lust und freien Stücken heraus diesen Schritt wagen: Die Situation da draußen ist neu für sie. Das ist so ganz anders als vorher, so unbekannt.

Sehr oft fühlen sich die ersten Schritte außerhalb des Hamsterrades zwar noch super an. Manche Unternehmer, die sich die Veränderung getraut haben, berichten von einem angenehmen Gefühl der Schwerelosigkeit am Anfang. Ich habe es ja selbst auch erlebt: Diese erste Phase erinnerte mich an das erste Mal beim Tauchen, als ich dachte: „Wow, ich bin austariert. Das fühlt sich ja gigantisch an!“

Aber ziemlich schnell machen sich andere Empfindungen bemerkbar. Das kann zum Beispiel der Eindruck von Kontroll- und Machtverlust sein. Oder der Zweifel, ob Ihre Mitarbeiter das operative Geschäft wirklich gewuppt kriegen, ob die Kundenbegeisterung hoch bleibt, ob die Unternehmenskultur gewahrt bleibt.

Oder die Angst, im eigenen Laden nicht mehr gebraucht zu werden. Das schlimmste dieser Gefühle ist aber ein anderes.

Nicht-Unternehmer mögen es belächeln, aber die Furcht davor, die eigene Firma nicht mehr zu spüren, ist für viele Unternehmer der blanke Horror. Und die Befürchtung, dass es so weit kommt, ist nicht einmal aus der Luft gegriffen …

Ein Dilemma

Solange Sie an den operativen Abläufen Ihrer Firma direkt beteiligt sind, bekommen Sie automatisch alle Informationen und bleiben auf dem Laufenden. Doch was passiert, wenn Sie da rausgehen? Wenn Sie sich nur noch in der Unternehmer-Rolle einbringen? Sind Sie dann automatisch von vielen dieser Informationen abgeschnitten?

Ja, das sind Sie. Ein echtes Dilemma, denn wenn Sie, von der Furcht geplagt, nichts mehr zu wissen, immer wieder bei Mitarbeitern nachfragen, was denn gerade läuft, sind Sie ja – schwupps – schon wieder mittendrin im Tagesgeschäft. Und Ihre Mitarbeiter sind genervt, weil sie sich kontrolliert fühlen.

Fragen Sie jedoch nicht nach, werden Sie das miese Gefühl nicht los, dass Sie etwas Wichtiges verpassen.

Für dieses Dilemma gibt es einen Grund: Es gibt nämlich nicht nur die drei Rollen von Unternehmer, Manager und Fachkraft in einer Firma. Es gibt auch drei ganz unterschiedliche Blickwinkel, von denen aus Sie auf Ihre Organisation schauen können. Das klingt so, als würde dies das Rollen-Ding noch komplexer machen, denn es wirft eine Menge Fragen auf. Aber die richtigen Fragen sind ja bekanntlich der erste Schritt zu erhellenden Antworten. Deshalb nur Mut!

Was Sie aus den verschiedenen Blickwinkeln erkennen, ist, dass Ihr Unternehmen nicht nur eine, sondern drei Strukturen hat. Immer.

Eine Bekannte, zwei Unbekannte

Die erste Struktur kennt jeder: Das ist die formal-rechtliche, die schon allein für die rechtlichen Grundlagen notwendig ist. Im entsprechenden Organigramm finden Sie alle relevanten Positionen. Wer formal was darf, ist vertraglich klar geregelt.

Jede Position ist fest mit einem Namen verknüpft, diese Verknüpfung bleibt für die Dauer der Besetzung des Postens gleich. Rollen gibt es in dieser Struktur nicht, übrigens auch nicht die des Unternehmers. Sie erscheinen hier in der Regel als Gesellschafter, Geschäftsführer oder als Gesellschafter und Geschäftsführer.

Die zweite Struktur wird selten aufgezeichnet und ist doch die einzige, in der das, was wir Arbeit nennen, stattfindet: die Wertschöpfungsstruktur. Sie umfasst alle Aufgaben und Rollen, mit denen die Leistungen und Produkte erarbeitet werden und durch deren Verkauf Umsatz erwirtschaftet wird. Man unterscheidet hier zwei „Kreise": Im äußeren findet die direkte Wertschöpfung am Markt statt, weil die Leistungen dieser Rollen direkt Umsatz bewirken. In diesem Kreis gibt es nur die verschiedenen Fachkraft-Rollen. Sie in der Unternehmer-Rolle tauchen hier ebenso wenig auf wie Ihr Geschäftsführer in der Manager-Rolle. Wenn Sie Ihren Namen in dieser Struktur finden, dann in Ihrer Rolle oder Ihren Rollen als Fachkraft. Und Ihre formal-rechtlichen Positionen „Gesellschafter" und „Geschäftsführer" finden sich hier gleich gar nicht, weil Positionen für die Erbringung von Wertschöpfung keine Relevanz haben. Wer hier eingebunden ist, bei dem zählt einzig und allein sein Können, um die entsprechenden Aufgaben zu meistern.

Diese Rollen müssen in der formal-rechtlichen Struktur nicht repräsentabel vertreten sein, denn die bildet ja „nur“ die Ämter ab. In der Wertschöpfungsstruktur jedoch zählen keine Schulterklappen, sondern einzig und allein das Können, das in den verschiedenen Rollen nötig ist. Hier können etliche Namen also vielfach auftauchen – je nachdem, in wie vielen Rollen sie jeweils tätig werden. Wo Sie die Unternehmer- und auch die Manager-Rolle wiederfinden, ist im inneren Kreis der Wertschöpfungsstruktur: Da, wo indirekt Geld verdient wird, indem die Rahmenbedingungen für die direkte Wertschöpfung geschaffen werden.

306 Die dritte Struktur ist kaum einem in der Firma bewusst, obwohl alle sie kennen und alle zu ihrer Entstehung beitragen: Es ist die informelle Struktur. Die steht für die Gesamtheit der Beziehungen, die in der Firma unabhängig von Wertschöpfung, Rang und Namen vorliegen oder sich entwickeln. Jeder gibt mit allem, was er sichtbar in der Firma tut, wie er sich verhält und was er äußert, immerzu Impulse in diese Struktur. Sie als Unternehmer können diese Struktur nicht verordnen oder gezielt modellieren, Sie können jedoch sehr wohl konstruktiv auf sie einwirken.

Wenn Sie durch diese drei Blickwinkel auf Ihre Firma schauen: Wie sehen diese Strukturen bei Ihnen aus?

Und wo finden Sie sich selbst darin wieder? Wo wollen Sie sich wiederfinden und welche Konsequenzen hätte das? Mit solchen Fragen können Sie viel Klarheit für sich erzielen.

Und noch etwas: Sie können die informelle Struktur bewusst nutzen, um den Kontakt zu ersetzen, den Sie aufgeben, wenn Sie das operative Hamsterrad verlassen. Das nützt nicht nur der Firma, sondern auch Ihnen selbst.

Organisations-Leg-Day

Es ist und bleibt ein „Schockmoment", wenn Sie realisieren, dass Sie den Kontakt zur Wertschöpfungsebene verloren haben. Doch wenn Ihnen bewusst ist, dass dieser kommen wird und dass Sie den Verlust ausgleichen können, können Sie diesen Schrecken in der Regel gut verkraften. Ansonsten werden Sie davon kalt erwischt – mit entsprechenden Folgen.

Das ist wie im Fitnessstudio: Kürzlich war dort „Leg Day" angesagt – also alle Übungen zielten auf die Beinmuskulatur. Ich kann Ihnen sagen, dass mir da auch zwischendrin schwarz vor Augen geworden ist.

Das ist allerdings normal, denn bei solchen Einheiten gehen Sie an Ihre Grenze. Sie gehen raus aus Ihrer Komfortzone und fordern sich maximal. Und wissen dadurch nicht vorher, wie Ihr Körper reagiert.

Sind Sie aber darauf vorbereitet, dass Ihnen beim dritten Satz der Kniebeugen mit Gewichten auf den Schultern auch mal flau werden kann, gehen Sie souveräner mit dieser Delle um, als wenn Sie davon überrascht werden.

Ich beobachte, dass die meisten Unternehmer, die aus dem Hamsterrad treten und dann für sie überraschend diesen schwarzen Moment erleben, sich reflexhaft zurückziehen: Das Gefühl, das eigene Unternehmen nicht mehr zu spüren, erschreckt sie so sehr, dass sie lieber wieder in die gewohnten Bahnen zurückkehren: Leidensdruck hin oder her. Der Weg nach draußen scheint ihnen härter als das Ausharren im Harten.

Deshalb ist die Auseinandersetzung mit dem, wie Sie Ihr Unternehmersein außerhalb des Hamsterrades gestalten können, so wichtig. Eines ist nämlich sicher: Ihre Chancen, dass das Schwarze vor Ihren Augen irgendwann verschwindet, sind draußen wesentlich besser als drinnen. Und das zu erkennen – dabei hilft Ihnen die Vorbereitung. Das gilt übrigens auch für den letzten der drei Gründe für das Auftreten von Krisen …

Schwarze Ursache Nr. 3: Zu wenig

Dieser Grund ist tatsächlich am schwierigsten zu erkennen, denn er hat nichts mit der Qual des Hamsterrads zu tun. Ganz im Gegenteil: Der Unternehmer, der hier am stärksten gefährdet ist, kommt sehr gut mit dem operativen Geschäft zurecht. Die tägliche Arbeit wuppt er mit links, er hat alles stets unter Kontrolle. Er ist der Chef und die Mitarbeiter gehorchen, erledigen die delegierten Aufgaben ohne großes Murren, überall ist konstruktive Routine eingekehrt. Und so laufen die Geschäfte bei diesem Unternehmer meist sehr gut, oft über viele Jahrzehnte hinweg sogar. Und dennoch verspürt er eine chronische Unzufriedenheit. Denn er ist nicht überlastet und auch nicht überfordert. Er ist unterfordert.

Seine Unterforderung resultiert vor allem daraus, dass er es verpasst hat, sich und sein Unternehmen weiterzuentwickeln. Er ist wie der Taucher, der in voller Montur und mit bestem Equipment auf dem Boot steht, aber nicht den Mut aufbringt, den *Big Step* zu machen. Er fordert sich nicht, er tut nur, was er immer getan hat. Das ist bequem und sicher. Es führt den Unternehmer über kurz oder lang in den quälenden Zustand der Dauerunterforderung.

Ein Unternehmer trägt von Haus aus einen Drang in sich, Neues zu entdecken und zu gestalten und dabei spürbar voranzukommen – sonst wäre er wohl kein Unternehmer geworden. Unternehmer sind keine Verwalter, auch nicht des Erfolgs. Werden sie dann doch aus irgendwelchen Gründen zum Verwalter, sind sie unterfordert – und bremsen mit dieser Haltung nicht nur sich, sondern auch ihr eigenes Unternehmen aus.

Denn auch die Mitarbeiter bleiben durch den Verwaltungsmodus auf ihrem Leistungslevel stehen oder entwickeln sich sogar zurück. Denn den Motivierten unter den Mitarbeitern verfliegt mit der Zeit jeglicher Enthusiasmus, wenn ihnen der Chef keinen Raum zur Entfaltung und Führung überlässt – und stattdessen alles in gewohnter Manier selbst macht.

Die Folge ist, dass sich der Job für Mitarbeiter mit wachsender Erfahrung nicht nach Weiterentwicklung anfühlt, sondern zum Dienst nach Vorschrift mutiert. Die hören auf, sich und auch ihren Chef zu fordern.

So setzt eine Spirale der gegenseitigen Unterforderung ein – das Unternehmen stagniert und der Chef fühlt sich trotz der guten Zahlen nicht wohl dabei. Und das merkt ihm über kurz oder lang jeder an …

Grummel, grummel

Sie erkennen einen dauerunterforderten Unternehmer an seiner Grundstimmung und die heißt: „Ich bin unzufrieden."

Bei ihm gibt es keinen großen Jubel über Erfolge. Er bleibt selbst in den tollen Momenten mürrisch. Und wird immer misstrauischer.

Denn, Aufgaben an seine Mitarbeiter abzugeben und die Unsicherheit auszuhalten, ob diese sein Vertrauen auch wirklich rechtfertigen können – das wäre ein *Big Step* gewesen. Und so einen hat er nie gewagt. Und so hören Sie von ihm Sätze wie: „Meine Mitarbeiter? Die wollen ohnehin nur mein Geld."

Die Unzufriedenheit äußert sich auch in Missgunst: Wenn der Unterforderte sieht, dass andere Unternehmer größere Erfolge als er selbst feiern, quält er sich mit dem Gedanken, dass das vielleicht auch für seine Firma möglich gewesen wäre. Und statt sich die strahlenden Unternehmer zum Vorbild zu nehmen und sich von ihnen inspirieren zu lassen, sagt er: „Bei denen in der Branche geht das ja, bei uns aber nicht."

Wenn der Grund für Ihr Tief in der Unterforderung liegt, hat das nur einen einzigen „Vorteil" ...

Still und leise

Die Gefahr ist gering, dass Sie die Schwärze von einem Tag auf den anderen überfällt. Nein, bei der Unterforderung schleicht sie sich ganz langsam an Sie heran und vereinnahmt Sie still und leise. Das ist richtig heimtückisch, denn nach außen hin – in den Bereichen Zahlen, Daten, Fakten – läuft ja alles gut. Und genau deshalb ist die Unterforderung als Krisenursache so schwer zu erkennen. Was aber nicht heißt, dass sich die Folgen weniger schlimm anfühlen als bei der Überlastung oder der Überforderung.

In meinen Sparrings bin ich bei den unterforderten Unternehmern immer wieder erstaunt: Denn sie selbst sind am allermeisten überrascht über die Ursache ihrer Krise. Diese Erkenntnis wirkt aber sehr entlastend, auch für das Umfeld: Denn egal, ob der Unternehmer danach beschließt, für sich etwas zu ändern oder nicht – eines ist nun klar: An seiner Unzufriedenheit haben weder seine Mitarbeiter noch seine Familie, die Kunden noch „der Markt" Schuld, sondern höchstens er selbst.

Und er ist auch der Einzige, der etwas an der Situation ändern kann.

Einem Erlebnis entkommt er auf keinen Fall. Und damit sitzt der Unterforderte im gleichen Boot wie der überlastete und der überforderte Unternehmer: Wenn ihnen einmal schwarz vor Augen geworden ist, geht das Leben nicht einfach weiter.

Ich kenne keinen Unternehmer, der nach einem solchen Paukenschlag unbeeindruckt aufsteht, sich kurz die Krone richtet – und fröhlich pfeifend wieder ans Werk respektive ins Hamsterrad geht. Sicher machen viele weiter wie bisher, nur das fröhliche Pfeifen will ihnen nicht gelingen. Das ist ihnen nämlich schon vorher abhandengekommen.

Sie alle müssen nach diesem Schlag durch ein Tal der Tränen – und nicht nur diese Unternehmer, wie ich Ihnen gleich noch zeigen möchte.

Der Zwangstrip durch ein Jammertal hört sich nicht gerade verlockend an, doch ich kann Ihnen versichern: Dieses Erlebnis kann Ihnen zu einem Wendepunkt verhelfen …

15 TAL DER TRÄNEN

Ein spektakulärer Zusammenbruch mit Pauken und Trompeten, der es Ihnen schwarz vor Augen werden lässt, ist nicht der einzig mögliche Weg ins Tal der Tränen. Nicht nur der unterforderte Unternehmer, sondern auch der überlastete und der überforderte können sich peu à peu so tief in ein Tal der Tränen manövrieren und sich irgendwann verwundert die Augen reiben: Wo bin ich denn hier gelandet?

Für solche „Schleichwege“ ins persönliche Jammertal will ich Ihnen vier ganz unterschiedliche Beispiele geben …

Solo-Sackgasse

Denken Sie für Beispiel Nr. 1 an einen Solo-Gründer. Der fing einmal ganz klein und allein an, hatte Erfolg und inzwischen auch ein paar Mitarbeiter eingestellt. Nun steht er vor dem nächsten Entwicklungsschritt, was ja eigentlich schön ist – doch er fühlt sich leer, unverstanden und einsam. Er weiß nicht weiter. Diese Lage kennt er nicht, er ist verzweifelt.

Junge Unternehmer in dieser Lage führen ihre Verstimmung meist auf drei unterschiedliche Gründe zurück. Entweder sie denken, dass sie einfach nur ein unternehmensstrategisches Problem haben, denn sie stehen vor Fragen wie: „Soll ich wachsen oder nicht? Lässt sich mein Geschäftsmodell skalieren? Internationalisieren?“

Oder – zweiter Grund – ihre Mitarbeiter oder Menschen aus ihrem privaten Umfeld melden drängender ihre Erwartungen an und die Gründer fühlen sich davon überfordert. Oder drittens: Sie merken an sich selbst, dass sie insgesamt mit dem Druck auf Dauer alleine nicht klarkommen, aber niemand haben, mit dem sie sich dazu austauschen können.

So oder so fangen sie an zu zweifeln, ob das mit der Selbstständigkeit wirklich eine so gute Idee war – und ob sie jemals ihren Anspruch erreichen können, den sie erreichen wollten.

Ihre Lebenspartner möchten die jungen Unternehmer mit ihren Zweifeln nicht belasten, damit diese nicht auch noch nervös werden. Und mit einem anderen Unternehmer reden, geht auch nicht: Um sich herum geben sich alle als Helden, die scheinbar keinen Schmerz kennen. Vor denen wollen sie sich nicht blamieren. Also kreisen sie sich allein und immer tiefer in ihr Sackgassen-Gefühl hinein.

Dieses Sackgassen-Feeling kennt auch eine spezielle Unternehmergruppe, die mit ihrer ganz eigenen Problematik kämpft, nämlich die der Gesellschafter. Das ist mein Beispiel Nr. 2.

Welcome to the Jungle

Es gibt sehr viele mittelständische Unternehmen, in denen es nicht einen Inhaber, sondern mehrere Gesellschafter gibt. Deshalb ist deren Tal der Tränen ein Riesenthema und ich kann gar nicht nachvollziehen, warum das so wenig Beachtung findet.

Nehmen Sie zum Beispiel den kleinstmöglichen Fall der 50/50-Gesellschaft – die haben entweder gemeinsam gegründet oder einer der beiden ist nachträglich eingestiegen. Vielleicht sind es auch Geschwister, die den Betrieb zusammen von den Eltern übernommen haben. Aktuell sind sie jedenfalls gleichberechtigt beteiligt.

Die beiden Gesellschafter können sich nach außen hin noch so als *ein* Team positionieren: Es sind zwei Menschen, die in diesem Kontext der Firma miteinander in Verbindung stehen – und die Wahrscheinlichkeit ist groß, dass sie sich nicht immer einig sind. Vielleicht haben sie zum Beispiel unterschiedliche Auffassungen, in welche Richtung das Unternehmen ausgerichtet werden soll. Oder welche finanziellen Risiken sie eingehen sollen.

Ich kenne zum Beispiel ein Gesellschafter-Duo – der eine um die 40 Jahre alt, der andere um die 60. Wenn es jetzt darum geht, den Standort zu verlagern und für zwei Millionen Euro ein neues Bürogebäude zu bauen, hat der eine wahrscheinlich noch 20 oder 30 Jahre mit den Auswirkungen zu tun, der andere vielleicht noch zehn. Das beeinflusst sie jeweils natürlich massiv in ihrer Entscheidung: Die Risikobereitschaft ist einfach eine andere.

Sind die beiden Gesellschafter darüber hinaus noch verwandt, spielt zwischen ihnen nicht nur der unternehmerische, sondern auch der familiäre Kontext eine Rolle. Lassen Sie nur den Ehepartner des einen Gesellschafters ein Problem mit der Lebensgefährtin des anderen haben. Dabei kann es sich um eine Lappalie handeln, wie zum Beispiel dass der eine dem anderen die ausgeliehene Gartenschere nicht zurückgebracht hat: Wenn sich an dieser scheinbar kleinen Enttäuschung ein größerer Konflikt entzündet, geht das unter Umständen nicht spurlos an der Beziehung der beiden Gesellschafter vorbei. Und dann? Welcome to the jungle, we've got fun and games.

Solche Konflikte können auch die Lage beim Beispiel Nr. 3 verschärfen …

Nachfolgetränen

Die Mitspieler in einem Nachfolgeprozess landen ganz oft jeder für sich in einem Tal der Tränen. Die Folge: Die Übergabe scheitert. Wie auch bei den Gesellschaftern können innerfamiliäre Konstellationen für eine besondere Brisanz sorgen – offensichtlich oder latent.

Kommen solche Nachfolgen nicht zustande, hat das nur ganz selten finanzielle, steuerliche oder marktbedingte Gründe. Meist liegt es daran, dass jeder der Beteiligten das Unternehmen und die Nachfolge nur aus einem einzigen Blickwinkel sieht: dem eigenen. Und alleine aufgrund der Altersdifferenz ist es total logisch, dass diese Blickwinkel unterschiedlich sind.

Die Dinge stellen sich aus verschiedenen Perspektiven nun mal verschieden dar. Also reden Inhaber und Nachfolger aneinander vorbei, auch wenn sie scheinbar über das Gleiche reden. Und im schlimmsten Fall versucht jeder, seine Ideen einfach durchzuboxen.

Bleibt jeder auf sich und seine Sicht fokussiert, schärfen beide ihr Bewusstsein auf die Punkte, die sie unterscheiden. Alter und Risikobereitschaft sind da nur zwei unter vielen. Auseinandersetzungen werden unter solchen Vorzeichen automatisch destruktiv, auch auf der persönlichen Ebene. Denn selbst wenn beide wissen „Keiner von uns ist die Firma, weder du als Senior noch ich als Junior", ist die saubere Trennung nur schwer zu leisten. Und wenn dann auch noch die familiäre Vorgeschichte dazukommt …

So vermengen sich alle Kontexte mit dem Ergebnis, dass die beiden mit jedem frustranen Gesprächsversuch tiefer ins Tal der Tränen abrutschen.

Das vierte und letzte Beispiel für den Zutritt zum Tal der Tränen ohne Zusammenbruchs-Getöse möchte ich besonders herausstellen, denn das habe ich auch selbst erlebt und war total überrascht davon …

Was heißt „raus“?

Als ich beschlossen hatte, mich ab sofort auf die Unternehmer-Rolle zu konzentrieren und aus dem operativen Hamsterrad auszusteigen, dachte ich: Meine größte Herausforderung ist das Loslassen. Ich muss lernen, Verantwortung abzugeben und mich rauszuhalten.

Das hat bei mir in der Firma auch Schritt für Schritt funktioniert. Viele Mitarbeiter haben sich wunderbar entfaltet – das mitzuverfolgen, war für mich sehr schön. Was ich allerdings missverstanden hatte: Ich dachte, ab jetzt „raushalten“ aus der Firma heißt auch, dass ich mich räumlich fernhalten sollte. Ich machte absichtlich verrückte Sachen, wie mehrere Wochen unangekündigt nicht da zu sein. Oder längere Zeit von einem anderen Ort aus zu arbeiten und in der Firma nicht einmal kurz vorbeizuschauen. Ich hielt das für die logische Konsequenz des Rückzugs aus dem Operativen.

Diese räumliche Abstinenz hat mir nicht einmal Spaß gemacht, weil ich eigentlich gerne bei uns im Haus arbeite, aber das habe ich in Kauf genommen. Ich dachte ja, das gehört dazu.

Die Quittung kündigte sich etwa ein Jahr später an. In der Firma hörte ich immer häufiger spitze Bemerkungen wie: „Du lässt dich gar nicht mehr blicken", „Du interessierst dich überhaupt nicht mehr für den Laden, ne?" oder „Du guckst nur noch auf die Zahlen".

Noch schlimmer war allerdings meine eigene Unsicherheit, ob in diesem Unternehmen nach wie vor der Spirit herrschte, den ich mir vorstellte. Ob es wirklich noch in meinem Sinne geführt wird. Ich nahm so etwas wie ein spirituelles Vakuum im Unternehmen wahr – das ich unbewusst selbst verursacht hatte. Das hat mich tief erschüttert und in ein unvermutetes Tal der Tränen gestürzt.

In den vielen Gesprächen, die ich danach geführt habe, hat sich für mich eine Erkenntnis herausgeschält: Natürlich kann ich mich auf meine Unternehmer-Rolle zurückziehen und anderen die Manager-Rolle eröffnen. Doch solange mein Name am Gebäude steht und alle diesen Gründer im Kopf haben, komme ich aus dieser Nummer nicht auf einen Schlag raus.

Ich werde weiterhin gebraucht, um das Unternehmen und das Klima bewusst mitzuprägen.

Diese Erkenntnis aus diesem Tal der Tränen bedeutete für mich *mixed emotions*. Auf der einen Seite war ich gerührt: Ich werde in meiner Firma doch noch gebraucht. Ich gebe zu, dass sich das gut anfühlte. Auf einer anderen Ebene aber war ich erschrocken. Ich hatte Angst, „rückfällig" zu werden und bald wieder im Hamsterrad zu landen.

Meine Frau hat dazu etwas sehr Schlaues gesagt: „Sosehr ich mir gewünscht habe, dass du auch mehr Zeit für die Familie hast: Du kannst dich nicht ganz aus der Firma rausziehen. Die braucht dich mehr, als du denkst – wenn auch weniger und anders, als du früher gedacht hast. Vielleicht findest du einen Mittelweg, der dir erlaubt, auch deiner emotionalen Verantwortung für die Firma gerecht zu werden." Jetzt wissen Sie, warum ich die beste Frau der Welt habe.

Ich bin heute noch dabei, den perfekten Mittelweg zu finden, denn das ist nicht leicht. Das liegt am Spiegelei …

ZerrEIßprobe

Vielleicht kennen Sie das Modell von Stephen R. Covey, bei dem er zwischen Einflussbereich und Interessenbereich unterscheidet – ich nenne das gerne das Spiegelei-Modell. Für mich als Unternehmer ist alles das, was in und um mein Unternehmen passiert, mein Interessensbereich: der wirtschaftliche Erfolg, die Kundenbegeisterung, die Mitarbeiterzufriedenheit, die Qualität, das Ansehen, der Markt, Trends.

Mit wachsendem Unternehmen und wachsendem Unternehmersein verändert sich das auch nicht. Aber: Der direkte Einflussbereich, der bei einem Selbstständigen relativ groß ist, wird dadurch, dass Sie sich auf den Weg in die reine Unternehmer-Rolle machen, immer kleiner. Das produziert ein Spannungsfeld und das führt zu einer Zerreißprobe.

Ich war auf diese Zerreißprobe nicht vorbereitet und sie macht mir heute noch zu schaffen. Sie ist mal weniger, mal mehr ausgeprägt. Wenn es operativ super läuft, halte ich es besser aus, als wenn es gerade knirscht.

Das ist ein bisschen wie beim Raucher, der nach der Entwöhnung dennoch immer wieder überlegt: Eine könnte ich mir doch genehmigen …

Seit mir die Zusammenhänge und auch die Zerreißprobe bewusst sind, haben sich meine „Rückfalltendenzen" nicht in Wohlgefallen aufgelöst, aber ich komme besser mit ihnen zurecht: Sie stürzen mich nicht mehr in ein Tal der Tränen.

Vielleicht gelingt mir die Enthaltsamkeit ohne Krisenerscheinung auch deshalb immer häufiger, weil ich mich von dem Heldenetikett, das Unternehmer so häufig tragen, verabschiedet habe. Das Tal und die Heldennummer haben nämlich etwas miteinander zu tun.

Hohle Helden

Die Rolle des Helden wird durchaus von außen auf Sie als Unternehmer projiziert. Ganz nach dem Motto: „Du bist doch Unternehmer. Also kannst du machen, was du willst: dir so viel Urlaub genehmigen, wie du willst; Sachen von der Steuer absetzen; gutes Geld verdienen; dir einen schönen Firmenwagen zulegen ... Du hast doch das perfekte Leben!"

All die Annehmlichkeiten, die das Unternehmersein attraktiv erscheinen lassen und das Heldenbild prägen, sind allerdings ja nur die Spitze des Eisbergs.

Also der kleinere Teil, der sichtbar ist. Den großen Teil, der unten dran hängt, sieht keiner – den kennt nur der Unternehmer selbst und höchstens noch sein engeres Umfeld.

Er kennt also die Wahrheit und dennoch fühlt es sich gut an, als Held dazustehen. Und entsprechend haben viele Unternehmer dieses Bild verinnerlicht und tun sehr viel dafür, es nach außen hin aufrechtzuerhalten – selbst wenn der „dunkle“ Teil ihres Eisbergs dazu führt, dass sie sich gar nicht als Helden fühlen. Doch Jammern und Zweifeln passt nicht in das Bild eines Helden!

Diese Zweiteilung erzeugt ein inneres Spannungsfeld und führt zu einer gefühlten Zerrissenheit. Ein befreundeter Geschäftsführer hat mal halb im Spaß, halb im Ernst zu mir gesagt: „Wer glaubt, dass Geschäftsführer Geschäfte führen, glaubt auch, dass Zitronenfalter Zitronen falten.“ Da dringen die eigenen Zweifel durch.

Solche Selbstzweifel nagen von innen an dem Heldenbild, das der Unternehmer nach außen bedient. Wenn er in dieser Situation seine eigene Erfolgs-Benchmark nicht im Blick behält und sich selbst die entsprechende Wertschätzung gibt, fühlt sich die Außenwirkung immer mehr nach einer hohlen Farce an. Und führt ins Tal der Tränen.

Dagegen gibt es allerdings ein Mittel: Dass Sie sich Ihrer inneren Benchmark bewusst sind – oder es werden. Einfach da ist diese Referenz nämlich leider nicht.

Ausgangspunkt Ich

Dass Sie Ihre Referenz kennen, setzt voraus, dass Sie mit sich bereits in den Ring gegangen sind – und zwar schonungslos und ehrlich. Wissen Sie, was Sie wollen? Können Sie, was Sie sind? Wie sieht Erfolg für Sie ganz abseits von äußeren Heldenbildern aus? Wie fühlt er sich für Sie an?

Die Antworten auf diese Fragen zu kennen, ist extrem wichtig: Wenn Sie zum Beispiel immer Chef werden wollten im Sinne von „was zu sagen haben", sind das keine guten Voraussetzungen, um Unternehmersein zu leben. Dann sollten Sie lieber Chef werden oder bleiben. Denn in der Unternehmer-Rolle sitzen Sie ja nur indirekt am Hebel – Ihre Erfolgs-Benchmark werden Sie so nicht erreichen.

Wichtig bei diesem Erkenntnisprozess: Es geht nicht um die Frage, was Ihre Firma erreichen soll. Es geht um die Frage: Was wollen *Sie* erreichen?

Und erst im Nachgang geht es darum, wie Ihre Firma aussehen muss, damit Sie mit ihr das erreichen, was Sie wollen. Und wie Ihr Beitrag dazu aussehen kann. Sie sehen: Das ist eine andere Sichtweise. Nicht die Firma ist der Ausgangspunkt, sondern Sie.

Damit kommen wir an einen Punkt, der vielen mittelständischen Unternehmern extrem suspekt ist. Für diese Arbeit an und mit sich selbst, müssen Sie sich wichtig nehmen. Und das fällt schwer. Aber es geht nicht anders, wenn Sie einen konstruktiven Weg aus diesem Tal der Tränen finden wollen oder vielleicht sogar einer solchen Talfahrt vorbeugen wollen.

Ja, dafür müssen Sie sich ernsthaft und seriös mit sich selbst auseinandersetzen! Nur so kommen Sie in den nötigen Kontakt mit sich selbst. Und der muss intensiv sein: Sie brauchen den Vollkontakt mit sich.

Das erfordert nicht nur den Mut, diesen Schritt zu wagen, sondern auch für das, was danach kommt.

Vollkontakt-Schmerzen

Ich will Ihnen nichts vormachen: Der Vollkontakt mit sich selbst produziert eigene Täler der Tränen. Wenn Sie nämlich Ihre innere Referenz finden und dann feststellen: Das, was Sie derzeit tun, führt Sie eher weg von diesem Ziel, müssen Sie sich selbst eingestehen, dass Sie Ihrem eigenen Anspruch nicht gerecht werden. Das ist hart.

Ich weiß nicht mehr, wie oft ich im Gespräch mit meinem Coach schon geheult habe, weil ich an einen Punkt gekommen bin, an dem ich erkannt habe: „Oh, Mann, ja: Ich habe mich verrannt. Ich bin meinem Anspruch nicht gerecht geworden." So etwas tut weh. Sehr weh!

Zu erkennen und zu akzeptieren, dass Sie Ihre innere Benchmark verfehlen, ist ungleich härter, als wenn Ihnen jemand von außen Vorwürfe macht: „Hey, das ist jetzt aber nicht OK, was du machst!" Aber da müssen Sie durch, um auf Ihrem bewussten Weg raus aus dem Hamsterrad weiterzukommen. Dafür braucht es diese Arbeit an sich selbst, die immer wieder auch Schmerzen verursacht – diesmal aber heilsame. Und die Tränen gehören dazu. Sie sind sogar ein gutes Zeichen.

Tiefenmesser

Aus meiner eigenen Erfahrung und aus der Erfahrung in meinen Sparrings kann ich sagen: Tränen sind der sichtbare Beweis dafür, dass es Ihnen gelungen ist, in Vollkontakt mit sich zu kommen.

Das heißt nicht, dass Sie jedes Mal heulen müssen, wenn Sie sich mit sich auseinandersetzen. Doch solange Sie merken, dass dieser Prozess Sie überhaupt nicht herausfordert und Ihnen nicht auch an die Substanz geht, haben Sie noch nicht die richtige Tauchtiefe erreicht. Dann sind Sie noch nicht am Punkt.

Deshalb sind Tränen OK, auch wenn die Dosis das Gift macht: Der Grat zwischen Herausforderung und Überforderung ist schmal. Deshalb ist es unklug, wenn Sie von sich erwarten, dass Sie alles von heute auf morgen bewerkstelligen. Die Wandlung vom Hamsterrad-Dasein hin zum Unternehmersein ist ein Weg und kein Schalter, den Sie umlegen.

Für Ihre Abwägung, ob Sie sich wirklich mit sich auseinandersetzen sollten oder nicht – wo Ihnen doch so ein unangenehmes Tal der Tränen droht bei diesem Vollkontakt –, will ich Ihnen nur noch eines mitgeben: Und selbst wenn Sie sich gegen die Auseinandersetzung entscheiden und auf Ihrem bisherigen Weg weitergehen, werden Sie sich weitere Täler der Tränen nicht ersparen. Die werden so oder so kommen. Der einzige Unterschied: Gehen Sie durch die Auseinandersetzung, führt Sie Ihr Weg dahin, wo Sie sich Ihr Ziel setzen. Wenn nicht, kommen Sie an einem Ort heraus, den Sie sich nicht gewählt haben. Ob der Ihnen dann gefällt, hängt vom Zufall ab.

Ich kann Sie nur ermutigen, sich auf jene Täler einzulassen, die Sie im Vollkontakt mit sich selbst entdecken. Denn ich bin einhundertprozentig davon überzeugt, dass diese Sie weiterbringen – zumindest dann, wenn Sie sie durchwandern, ohne sich umzudrehen …

Nie mehr oder besser?

Keine Frage, Ihre Schmerzen im Tal der Tränen können heftig sein, und so gelangen Sie unweigerlich zu der Frage, ob Sie aufgeben und nicht besser den Weg wieder zurückgehen sollen. Bei mir war das nicht anders, nachdem ich mich aus dem Hamsterrad gelöst hatte. Denn einige Zeit, nachdem ich mich auf das Abenteuer eingelassen hatte, mich aus dem operativen Geschäft herauszunehmen, sind unsere Umsätze eingebrochen.

Das war richtig blöd, denn eigentlich wollte ich mit dem Schritt etwas Sinnvolles bewirken. Und nun hatte ich den Eindruck, dass dieser das Unternehmen in den Misserfolg führte und mich in die absolute Leere. In dieser Situation kommen Sie gehörig ins Grübeln, ob Ihr eingeschlagener Weg der richtige ist.

Nicht viel anders fühlt sich das Tal der Tränen an, nachdem Sie bei einem Tauchgang an Ihre Grenzen gestoßen sind. Wenn Sie etwa das Experiment eines Nachttauchgangs wagen, aber dann unter Wasser in Panik geraten. So ein Erlebnis kann Sie richtig mitnehmen. Manche Taucher beschließen daraufhin: „Ich werde nie mehr tauchen gehen." Das ist absolut verständlich, wenn sie durch das Unterwasserabenteuer in eine gefühlt oder tatsächlich lebensbedrohliche Situation geraten. Andere Taucher ziehen aus ihrem Erlebnis einen ganz anderen Schluss: „Verdammt, die Schwierigkeiten eines Nachttauchgangs habe ich vollkommen unterschätzt. Was muss ich tun, um für das nächste Mal besser vorbereitet zu sein?"

Als ich mich wegen des Umsatzeinbruchs im Tal der Tränen befand, habe ich mich für die zweite Variante entschieden. Klar war Aufgeben eine Option. Dennoch bin ich nicht den Weg zurück in das operative Geschäft gegangen. Ich habe also reflektiert: „An was lag es denn wirklich, dass die Zahlen eingebrochen sind?"

Ich habe versucht, die Situation zu versachlichen und die emotionale Brille abzusetzen.

Ein möglicher Grund für den Umsatzeinbruch: Wir haben die Umsetzung meiner eigentlich guten Idee des Rückzugs noch nicht prima hingekriegt. Könnte es zum Beispiel daran liegen, dass die Mitarbeiter noch nicht genügend vorbereitet waren? Also habe ich sie direkt gefragt: „Was braucht ihr von mir, damit ihr in der neuen Situation zurechtkommt?“ Und: „Was könnt ihr tun, um das wieder zu ändern?“

Ich erhielt Antworten, auf die ich selber niemals gekommen wäre – und das war sehr erhellend. Wir konnten viele Weichen anders stellen. Die Reflexion, die das Tal der Tränen für unsere Umsetzung ausgelöst hat, hat zu einem riesigen Lerneffekt geführt.

Genau dafür ist so eine Krise auch gut und kann zum Glücksfall werden. Denn sie bietet Ihnen die Möglichkeit zur Reflexion. Im Prinzip greifen Basketballtrainer auf exakt den gleichen Mechanismus zurück.

Stopp!

Sie kennen doch dieses Zeichen, wenn ein Basketball-Trainer ein Timeout ankündigt. Spielunterbrechung! Dann tippt er mit den Fingerspitzen der einen Hand mehrmals auf die Innenseite der ausgestreckten anderen Hand. Stopp! Er hält damit das Spiel an, um seinen Spielern die Chance zu geben, aus dem Eifer des Gefechts auszusteigen und gemeinsam mit ihnen zu reflektieren. Die Mannschaft kann kurz zur Ruhe kommen, den Ist-Zustand mit ihrem Zielzustand abgleichen, über andere Spieloptionen nachdenken und sich gegebenenfalls neu ausrichten.

Ein Tal der Tränen kann Ihr Timeout sein, um mit oder ohne Trainer Ihre bisherige Spieltaktik zu überdenken. Allerdings gibt es einen gravierenden Unterschied zwischen dem Basketball-Timeout und dem Tal der Tränen: Während Sie in die unternehmerische (Lebens-) Krise ungewollt und unbewusst – mal abrupt, mal schleichend – hineinschlittern und dadurch zum Stillstand kommen, führt der Basketball-Trainer die Unterbrechung bewusst herbei. Er erzeugt damit so etwas wie eine Mini-Krise, ohne dass vorher die halbe Mannschaft zusammengebrochen oder der Rückstand schon aussichtslos groß geworden sein muss.

Weil er nicht direkt in die Hektik des operativen Spiels involviert ist, hat er für vieles einen besseren Blick als die Spieler selbst. Er erkennt, wann die Mannschaft Zeit zum Reflektieren braucht, und verschafft sie ihr.

Der Effekt kann der gleiche sein: Sowohl in der absichtlich wie auch in der unabsichtlich herbeigeführten Krise können Sie Ihren Blickwinkel verändern und weitere Entscheidungsoptionen für Ihren zukünftigen Weg erkennen. In der Analogie wird auch klar: Es ist wesentlich weniger schmerzvoll, wenn Sie sich diese Auszeit zur Reflexion bewusst nehmen – und zwar bevor Ihnen schwarz vor Augen geworden ist.

Wie ein Basketballtrainer können Sie als Unternehmer sich Ihr Timeout nehmen, bevor es zu spät ist. Ja, sich Freiraum für die Reflexion selbst zu schaffen, hilft Ihnen, manches Tal der Tränen zu umgehen oder zumindest einen zukunftsweisenden Ausgang zu finden. Auch wenn und gerade, wenn die Reflexion Sie an Ihre Grenzen führt …

Fit for U

Das ist wie beim Fitnesstraining. Wenn Sie Ihre Muskeln an die Maximalbelastung heranführen, können Sie erkennen, wofür Ihre Kraft aktuell ausreicht. Und wenn Sie schlau sind und sich danach Zeit für die Regeneration nehmen, damit Ihre Muskeln sich wieder erholen, ist die Wahrscheinlichkeit hoch, dass Sie beim nächsten Mal noch schwerere Gewichte bewegen können.

Wenn Sie sich dagegen zwar in bester Absicht im Fitnessstudio angemeldet haben, aber nicht hingehen, werden Sie durch die Mitgliedschaft allein noch nicht fitter.

Wenn Sie sich gezielt in Ihr Unternehmersein hineinentwickeln wollen, genügt es nicht, dass auf Ihrer Visitenkarte „Unternehmer“ steht. Sie müssen sich in dieser Haltung auch trainieren, um Ihre Ziele zu erreichen. Und Ihr Training heißt Selbstreflexion.

Als Unternehmer geht es für Sie darum, sich diese nötigen Grenzgänge und den Freiraum dafür regelmäßig selbst zu schaffen. Denn von außen kann Ihnen das niemand verordnen.

Ich habe aus den Schmerzen, die ich in meinem bisher tiefsten Tal der Tränen erlebt habe, folgende Konsequenz gezogen: Ich nehme mir bewusst jedes Jahr ein längeres Timeout. Das nutze ich, um alleine auf Tour in die Welt zu gehen. In dieser Zeit denke ich viel über mich und meine Situation nach. Ich verschaffe mir Klarheit darüber, was ich wirklich will. Und über einen weiteren Punkt mache ich mir intensiv Gedanken: Ich glaube nämlich, dass ich noch viel mehr kann, als ich bisher gelernt habe und tue. Und dass es dabei Dinge gibt, an die ich bislang noch nie gedacht habe. Um herauszufinden, was das ist, überfordere ich mich, komme meinen Potenzialen auf die Spur und kitzele sie richtig heraus. Für mich bedeutet dieser Weg Freiheit pur. Ein großartiges Gefühl. Ohne mein Tal der Tränen wäre ich dazu nie gekommen. Ich hätte mir nie die Frage aller Fragen gestellt …

337

TEIL 5

JETZT ABER RICHTIG ...

Was ein Unternehmer wirklich ist

Wow! Wenn Sie auf die Strecke zurückschauen, die Sie als Unternehmer schon gegangen sind, und dann nach vorne denken, wo Sie noch hinmöchten: ein ganz schön weiter Weg, nicht wahr? Und wahrscheinlich war er weder bis hierhin immer einfach, noch wird er es in Zukunft sein.

Das kann ich mal so locker behaupten, denn egal welchen Weg Sie als Unternehmer für sich wählen: Ganz einfach ist keiner. Das liegt in der Natur der Sache. Ich habe aber auch eine Vermutung: Wenn der Unternehmerweg nur einfach wäre, würden Sie ihn gar nicht gehen wollen. No risk, no fun. Oder anders gesagt: Für die allermeisten Unternehmer, die ich kenne, ist die Langeweile eines risiko- und ereignislosen Weges eine Tortur.

Nicht weil sie alle permanent auf 180 laufen wollen. Vielmehr sind Unternehmer gedanklich immer unterwegs. Ständig auf der Suche nach spannenden neuen Herausforderungen. Das Gefühl, „da geht noch was", treibt sie an – ob im Rahmen des eigenen Geschäftsmodells oder auch ganz woanders. Sie halten die Augen offen nach Chancen. Sehen sie welche – und seien diese noch so vage –, fragen Unternehmer nicht „*Warum* soll ich sie ergreifen?". Sondern: „Warum *nicht*?"

Der Vorwärtsdrang steckt tief in ihnen drin. Vielleicht neigen sie deshalb dazu, lieber zu machen als darüber zu reden. Gerade unter Mittelständlern ist die Hands-on-Mentalität sehr verbreitet.

Diese Haltung hat viele gute Seiten. Ich für meinen Teil bin sehr froh, dass der Storch mich über Deutschland abgeworfen hat. Wir haben in diesem Land nur deshalb eine so hohe Lebensqualität, weil wir den Mittelstand haben. Ja, weil Sie mit Ihrem Unternehmen Ihr Ding machen können – und ich mit meinem. Und weil sich viele unserer Mitarbeiter und Kunden genau in diesem Ding wiederfinden, dort gute Arbeit und gute Produkte bekommen. Wir alle haben etwas davon, wenn deutsche Mittelständler weiter ihren Weg gehen.

Doch die Macher-Mentalität birgt auch eine Gefahr: Viele Unternehmer stellen viel lieber die Firma in den Mittelpunkt als sich selbst. Was sie für sich wollen, wie sie sich sehen, wie es ihnen mit ihrem Unternehmen geht und gehen soll, wie sie ihren persönlichen Weg gestalten wollen – das sind Überlegungen, mit denen sie sich nicht so leicht anfreunden können. Ist das nicht ein Kreisen um sich selbst? Und was soll das der Firma bringen?

Das führt dazu, dass sie als Unternehmer den Weg wählen, der sich eben so ergibt aus ihrem Firmenalltag – gesteuert von den Erwartungen anderer und den Umständen. Dementsprechend bringt sie der Weg nicht dahin, wo *sie* hinwollen, sondern dahin, wohin die *äußeren Bedingungen* sie leiten.

Und was ist mit Ihnen? Wo wollen Sie am Ende landen? Wohin wollen Sie sich selbst führen?

Ich könnte gut verstehen, dass es Ihnen attraktiver erscheint, dahin zu kommen, wo Sie als Unternehmer wirklich hinwollen. Das geht mir auch so. Aber ich

muss Ihnen auch sagen: Dann hilft es nichts. Wenn Ihr Schatten sagt, dass es doch nicht geht, dass ein Unternehmer an sich denkt – dann müssen Sie drüberspringen. Denn die Frage aller Fragen, mit deren Hilfe Sie Ihren Weg finden, werden Sie nur auf diese Weise beantworten können. Also auf zum Ego-Trip?

Nicht wirklich, denn Ihre Auseinandersetzung mit sich und Ihrem Unternehmersein bringt nicht nur für Sie persönlich einen Gewinn. Auch Ihr Unternehmen profitiert davon, ebenso wie Ihre Mitarbeiter und Kunden – dessen bin ich mir ganz sicher. Vielleicht hilft Ihnen dieses Wissen bei dem Sprung über Ihren Schatten beziehungsweise bei dem *big step*, mit dem

Sie sich von der Oberfläche in die Tiefe wagen, um sich mit der Frage aller Fragen zu befassen.

Nur Mut, denn der Weg zum Gipfel der unternehmerischen Freude fängt immer ganz unten an …

16 DIE FRAGE ALLER FRAGEN

Ich rede nicht lange um den heißen Brei herum. Wenn Sie wissen wollen, wie die Kernfrage lautet, hier bitte schön:

Was ist Ihre Idee vom Unternehmersein?

Die ersten Reaktionen darauf, wenn ich diese Frage als die „Frage aller Fragen" vorstelle, sind oft ähnlich.

Mit Blicken oder mit Worten geben mir meine Gesprächspartner zu verstehen: „Wie? Diese Frage soll der Schlüssel sein, mit dem ich viele Konflikte und Probleme meiner Firma löse? Mit der ich endlich den Anspruch an mein Unternehmen verwirklichen kann, mit dem ich einst gestartet bin? Mit dem ich dieses elende Hamsterrad hinter mir lassen kann? Ts ts, das glaubt doch kein Mensch!“

Stimmt!

Ein schrecklicher Verdacht

Am Anfang glaubt mir kaum ein Unternehmer, dass die Antwort auf diese Frage mehr als Haarspalterei oder Nabelschau ist. Sie sehen ihre Probleme im Zusammenhang mit der Firma meist ganz woanders: Die einen vermuten beispielsweise, dass sie ein Wahrnehmungsproblem bei den Kunden haben. Die anderen gehen von einem vertrieblichen Problem aus. Andere denken, sie haben ein personelles Problem. Diese Probleme mögen alle real sein – und doch gibt es in vielen Fällen ein Problem hinter dem Problem. Und das hat sehr häufig mit dem Unternehmer selbst zu tun. Es ist etwas dran an dem Spruch: „Der Fisch fängt am Kopf an zu stinken.“

Dieser Gedanke ist heute nicht mehr allen Unternehmern fremd. Sie sind darauf gekommen, weil sie schon mehrfach die Erfahrung gemacht haben, dass der X-te Unternehmensberater ihrer Firma nicht weiterhilft, genauso wenig wie ein weiteres Führungskräfte- oder Rhetorikseminar. Sie ahnen, dass die Schwierigkeiten im Unternehmen nicht nur mit den Mitarbeitern, den Kunden oder dem Markt zu tun haben. Sondern auch mit ihrer Person.

Ein schrecklicher Verdacht, denn dieser stürzt sie zunächst in einen Gewissenskonflikt: Einerseits sehen sie sich als Unternehmerheld, der ja wohl unmöglich das Problem sein kann. Andererseits haben sie den Wunsch, dass in der Firma etwas vorangeht. Ist das Problem drängend genug, siegt in dieser inneren Auseinandersetzung die Sorge um die Firma und sie sind bereit, sich selbst in die Ursachensuche mit einzubeziehen. Und gegebenenfalls sich sogar Unterstützung dafür zu holen. Ein älterer Unternehmer hat mal zu mir gesagt: „Der Klitschko hat sich in seiner aktiven Zeit auch immer einen fähigen Sparringspartner geholt – obwohl er schon Weltmeister war. Man kann immer noch besser werden. Da kann ich ja wohl auch zu Ihnen ins Sparring kommen, nich'?"

Ihn habe ich übrigens auch mit der Frage aller Fragen konfrontiert.

Da hatte er sich aber schon daran gewöhnt, dass ich irritierende Fragen stelle. Denn als Erstes habe ich ihn gefragt: „Wollen Sie Unternehmer sein oder streben Sie das Unternehmersein an?"

Der Unterschied zwischen beidem ist so viel bedeutender, als die kleine Abweichung in der Schreibweise vermuten lässt. Er ist sogar fundamental. Und deshalb sollten Sie den Unterschied kennen ...

Sein oder nicht sein?

Die erste Variante, das „Unternehmer zu sein", ist für mich so etwas wie die Bezeichnung einer Rolle im Unternehmen. Diese Interpretation findet also ausschließlich im Kontext Unternehmen statt. Außerhalb des Unternehmens haben Sie nichts mit diesem „Unternehmer" zu tun, Sie definieren sich in Ihren übrigen Kontexten unabhängig davon – auch in Ihrem Kontext „Ich". Genau genommen arbeiten Sie als Unternehmer, Sie *sind* es aber nicht.

Die zweite Variante, das „Unternehmersein", dagegen ist eine Einstellungssache, wenn nicht sogar eine Lebenseinstellung.

Dementsprechend findet diese Auslegung wesentlich stärker in Ihrem Ich-Kontext statt – und reicht als Grundlage in alle anderen Kontexte hinein. Sie *sind* Unternehmer.

Ja, das sind zwei völlig verschiedene Flughöhen – oder um im Tauchbild zu bleiben: Tauchtiefen. Entsprechend sind die Auswirkungen unterschiedlich.

Je nachdem, welche Sie wählen, ist der Anspruch, den Sie an sich stellen, ein anderer: Sie führen sich anders, Sie verhalten sich anders.

„Aha! So habe ich das ja noch nie gesehen. Unternehmersein geht also auch erst einmal, ohne die Firma mitzudenken …", so lautet oft die verblüffte Reaktion, wenn ich den Unterschied schildere. Die Irritation ist unüberhörbar – und darüber freue ich mich.

Es geht mir darum, meinem Gegenüber oder auch Ihnen als Leser andere Blickwinkel zu eröffnen – Sie konstruktiv zu irritieren. Ich erwarte nicht, dass Sie und alle anderen anschließend meiner Meinung sind. Aber allein wenn Sie sich diese andere Perspektive auf das Unternehmersein durch den Kopf gehen lassen, habe ich *mein* Ziel schon erreicht.

Mit diesem Perspektivwechsel erkennen Sie nämlich den Denkrahmen hinter diesen beiden verschiedenen Ansätzen: Es wird Ihnen bewusst, dass es einen Unterschied macht, ob Sie für sich beanspruchen, Unternehmer im Kontext Unternehmen zu sein, oder ob es für Sie mehr ist. Für welche der beiden Varianten Sie sich dann entscheiden, ist ganz Ihre Sache – doch Sie wissen dann, dass es diese Entscheidungsmöglichkeiten überhaupt gibt.

Was ich beobachte, ist, dass die meisten Unternehmer diese Entscheidung für sich bereits getroffen haben – aber nicht bewusst, sondern unbewusst.

Kontextentscheidung

Die Entscheidung, die sie, ohne darüber zu reflektieren, getroffen haben, sorgt dafür, dass viele Unternehmer zu Hause nicht auf eine andere Rolle als die des Unternehmers umschalten können. Falls sie es überhaupt schaffen, rechtzeitig zum Abendbrot zu Hause zu sein, sitzen sie mehr oder weniger teilnahmslos dabei, wenn sich die anderen über den Tag in der Schule oder das Training im Verein oder den Musikunterricht unterhalten.

Sie können sich gar nicht beteiligen, denn sie sind in Gedanken noch in ihrer Firma. Das heißt, solche Unternehmer schleppen die Themen aus dem Kontext Unternehmen in den Kontext Familie. Wahrscheinlich sind sie auch mal schlecht gelaunt, wenn es in der Firma nicht gut läuft, oder auch mal gut, wenn es läuft. Entsprechend bekommen sie häufig Feedbacks wie „Papa, du denkst sowieso nur an die Firma" oder „Bist du denn überhaupt bei uns? Du wirkst immer so abwesend".

Wenn diese Abstrahleffekte von dem einen Kontext in den anderen zu stark werden, wenn Sie also zum Beispiel zu viele Unternehmerthemen in die Familie hineintragen, kann das zu massiven Spannungen führen. Wenn Ihre Kinder von Ihnen die Rolle Papa erwarten und Ihr Ehepartner die Rolle der besseren Hälfte, Sie aber zu Hause in der Rolle des Unternehmers auftreten, ist der Konflikt vorprogrammiert. Denn Konflikte sind meistens das Ergebnis enttäuschter Erwartungen.

Schon wenn Sie klären, welcher Unternehmer Sie im Kontext Ihres Unternehmens sein wollen, entziehen Sie diesen Konflikten die Grundlage. Dann treffen Sie zumindest schon einmal die Entscheidung für die erste Variante der Schreibweise: Sie ermitteln, was es für Sie heißt, Unternehmer im Kontext des Unternehmens zu sein.

Ich nenne das die Klärung der Unternehmerfrage auf Tauchtiefe 1.

Unternehmerfrage Stufe 1

Diese Ebene entspricht dem „landläufigen“ Blickwinkel, weil „Unternehmer sein“ schon vom Namen her so nahe an „Unternehmen“ ist. Viele wollen deshalb zunächst die Klärung für sich auch nur in diesem Kontext, dem des Unternehmens, durchführen.

Wenn Sie sich auf dieser Tauchtiefe umsehen, entdecken Sie sehr schnell das Modell der drei Rollen im Unternehmen: Fachkraft, Manager und Unternehmer. Und Sie erkennen, dass Sie selbst als Doppelagent oder sogar als Triple Agent unterwegs sind. In diesem Rahmen geht es also vorrangig um Verantwortlichkeiten und Aufgaben: In welcher Rolle machen Sie was? Und welche Konsequenzen hat das?

Je bewusster Sie sich der Rollen sind, desto bewusster können Sie für sich damit umgehen. Vielleicht beobachten Sie sich selbst und es fällt Ihnen auf: ‚Oh, bei diesem Projekt kommt gerade die Fachkraft in mir durch. Und was sagt der Unternehmer in mir dazu?’

Oder Sie denken: ‚Ich bin gerade voll in der Unternehmerdenke. Aber wäre es nicht gescheiter, erst dieses Projekt durchzuziehen, bevor ich über die Weltrevolution nachdenke?' Die Chance, dass Sie Ihre inneren Rollenkonflikte identifizieren und klären können, ist deutlich größer.

Damit allein fallen Ihnen viele Entscheidungen leichter, weil Sie klarer sehen. Das Modell kann Ihnen darüber hinaus helfen, eigene Denkblockaden aufzulösen und für sich glatt zu ziehen: Welche Rollen will ich denn in Zukunft noch übernehmen und welche nicht?

So entwickelt sich schon auf dieser Tauchtiefe aus den Antworten, die Sie für sich finden, ein Riesenunterschied für Ihren Unternehmeralltag und Ihr Unternehmen.

Darüber hinaus passiert etwas Interessantes: Viele Unternehmer entdecken auf dem Weg hinunter zu Tauchtiefe 1, dass die Tauchtiefe 2 wider Erwarten doch extrem spannend sein könnte. Sie stellen fest, dass die Rollenklärung, die sie jetzt durchgeführt haben, nicht nur etwas mit ihrer Tätigkeit im Kontext Firma zu tun hat, sondern sie schnell weiterführt zu ihrer Einstellung, ihren Werten und ihrer Identität. Dass der Kontext Unternehmen sehr enge Verbindungen hat zu ihrem Kontext „Ich".

Die Neugier wächst, die Hemmschwelle, noch tiefer zu gehen, sinkt: Schließlich sind sie bereits weit vorgedrungen. Von hier aus ist es nicht mehr weit zu der Frage: „Was ist – über den Kontext Unternehmen hinaus – meine Idee vom Unternehmersein?“

Unternehmerfrage Stufe 2

Es ist jedes Mal spannend für mich zu sehen: Schon lange bevor Unternehmer die Antwort auf diese Kernfrage für sich finden, setzt eine Veränderung bei ihnen ein. Beobachten Sie sich selbst, wenn Sie sich darauf einlassen. Sie werden sehen, dass allein der Perspektivwechsel etwas in Ihrem Kopf in Gang setzt. Das ist wie mit der IKEA-Frage.

Die kennen Sie sicher aus der Werbung: „Wohnst du noch oder lebst du schon?“ Genial! Die Frage löst eine konstruktive Irritation aus. Sie lässt Sie zunächst stutzen, denn Sie überlegen: ‚Ich habe noch nicht darüber nachgedacht, dass es da einen Unterschied gibt.‘ Und dann schauen Sie sich bei sich zu Hause um. Schon möglich, dass Sie dann zu dem Schluss kommen: Alles prima bei mir. Oder auch nicht. Auf jeden Fall haben Sie Ihre Umgebung mit anderen Augen betrachtet und erfahren, dass es überhaupt andere Optionen gibt.

Wenn Sie dann nicht ganz schnell die Augen wieder zukneifen und vergessen, dass andere Optionen möglich sind, stehen Sie vor einer typischen Unternehmeraufgabe: Sie müssen abwägen, ob Sie die Investition in einen gründlichen Tauchgang in dieser Tiefe tätigen sollen, um Ihre Antwort zu finden, oder nicht. Und diese Abwägung ist nicht so leicht.

Ihr Investitionsrisiko

Wenn Sie sich mit Ihrer Kernfrage auseinandersetzen, investieren Sie Ihre Zeit und gegebenenfalls Geld für eine Unterstützung. Und natürlich fragt sich ein Unternehmer vor einer Investition immer: Lohnt sich das?

Eine teure Maschine kaufen Sie ja auch nur dann, wenn Sie glauben, dass Sie einen Return bekommen. In so einem Fall können Sie in der Regel gut beziffern, was Sie die Maschine auf der einen Seite kostet, was sie Ihnen auf der anderen Seite bringt. Daraus erstellen Sie eine mehr oder weniger optimistische Rechnung, bei der unter dem Strich ein Plus oder ein Minus steht, und Sie treffen eine Entscheidung. Klar bleibt das Risiko bestehen, ob es wirklich so kommt, aber die Rechnung vermittelt Ihnen zunächst einmal Sicherheit.

Was Sie investieren müssen, um Ihre Antwort zu finden, ist viel schwerer zu beziffern. Ich werde oft zu Beginn des Sparrings gefragt: „Wie lange dauert das denn?" Und ich muss jedes Mal erwidern: „Das kann ich Ihnen nicht sagen."

Ähnlich unsicher sind die Voraussagen, was Ihnen Ihre Antwort bringt. Das Ergebnis ist in jedem Fall immateriell, es hat auch keinen Wiederverkaufswert. Entscheidend ist, ob *Sie* an den Wert glauben oder nicht.

Und Sie müssen sich diese Investition wert sein.

Mein Eindruck ist, dass es zwei Gründe gibt, warum sich Unternehmer von sich aus für diese Investition entscheiden: Entweder sie haben so richtig Bock darauf, das Unternehmersein in seiner ganzen Fülle für sich zu ergründen. Oder ihre Not ist so groß, dass die Notwendigkeit dafür unübersehbar ist.

Und es gibt noch einen dritten Grund, der sie die Investition in sich selbst wagen lässt. Der kommt nicht von innen, sondern von außen: Wenn ihr Ehepartner ihre Not einfach nicht mehr mit ansehen kann und sie massiv dazu drängt, etwas zu ändern. Oft ist es die Frau, die sich Sorgen macht, wie lange ihr Mann das Hamsterrad physisch und psychisch noch aushält.

Von den Anfangsjahren an hat sie ihm beigestanden, den Rücken freigehalten und nach Kräften unterstützt. Doch nun beobachtet sie die Verschleißerscheinungen und hat einfach nur noch Angst um ihn. Und oft ja auch nicht zu Unrecht.

Wird ihre Angst zu groß, übt sie gut gemeinten Druck aus. Manche Unternehmer kommen tatsächlich zu Beginn nur ihren Frauen zuliebe in ein Sparring. Und sind ihnen im Nachhinein extrem dankbar, dass sie ihnen den Schubs für den *big step* gegeben haben.

Dabei ist es doch erstaunlich, dass es diesen Schubs überhaupt braucht, nicht wahr?

Superman oder Batman?

Freiheit, Selbstwirksamkeit und Selbstverantwortung sind Begriffe, die jeder Unternehmer für sich in Anspruch nimmt. Alle drei können Sie hervorragend an dieser Kernfrage in Tauchtiefe 2 reflektieren. Und doch zögern so viele. Ich glaube, dieses Zögern hat auch etwas mit dem Unterschied zwischen Superman und Batman zu tun.

Mittelständische Unternehmer haben gewisse Vorbehalte, über Gefühle zu reden. „Emotionales Gequatsche" oder „Laber-Rhabarber" ist ihnen total zuwider, weil das was für Weicheier ist. Doch die Antwort auf die Kernfrage hat immer etwas mit Gefühlen zu tun. Wie soll das zusammengehen?

Wenn Sie auch vor diesem Zwiespalt stehen, überlegen Sie, wer Sie sein wollen: Superman oder Batman? Beide sind extrem stark, erreichen ihr Ziel und retten die Welt. Doch es gibt auch einen Unterschied.

Superman ist als Hero auf die Welt gekommen mit übermenschlichen Kräften: unbesiegbar und unbeeindruckbar. Er funktioniert und reagiert auf das Böse der Welt.

Batman dagegen ist als normales menschliches Wesen auf die Welt gekommen. Intensives körperliches und mentales Training, geschicktes Handeln und seine High-Tech-Ausrüstung erst ermöglichen ihm, heldenhafte Taten zu vollbringen und zu gestalten. Obwohl oder vielleicht gerade, weil er Gefühle hat, sich verliebt oder auch Angst hat.

Ich weiß nicht, wen Sie vorziehen. Abgesehen davon, dass wir Unternehmer entgegen der landläufigen Meinung gar keine Helden sein müssen, ist mir jedenfalls Batman viel näher, denn ich glaube, dass er der viel größere Held ist:

Er muss mit seinen menschlichen Schwächen umgehen – und schafft das auch. Ich glaube, er hat seine Antwort gefunden. Und sagen wir mal, Sie haben das auch. Sie haben ergründet, was Ihre Idee vom Unternehmersein ist. Sie haben Ihr Bild, Ihre Vision!

Und jetzt?

Fridays for Vision

Ich sage ja: Mittelständische Unternehmer sind tendenziell Macher. Also bleibt die Frage nicht aus: „Ja, wenn ich dann meine Vision habe: Wie setze ich die dann um?“ Darauf kann ich nur antworten: „Auch dafür gibt es kein Standardrezept.“

Klar ist, dass Sie erst einmal herausfinden müssen: Wo stehe ich heute in Bezug auf das, was ich erreichen will? Schließlich wollen Sie von A nach B. Und – logisch –, das geht nur, wenn Sie wissen, wo A und wo B liegen und was dazwischen liegt.

Also: In welchen Bereichen zeigt sich ein Delta zwischen Ihrer Gegenwart und der gewünschten Zukunft? Und wie können Sie das Stück für Stück verringern?

Mit Hauruck tun Sie nämlich meist weder sich noch allen anderen einen Gefallen.

Bei mir ist zum Beispiel auf lange Sicht die Viertagewoche ein Teil meiner Vision. Ich fragte mich, wie viele Tage ich derzeit pro Woche arbeite – Sie ahnen, dass es eher sechs als vier waren. Also setzte ich mir die Marke: „Bis zum 31. Dezember diesen Jahres werde ich meine Arbeitszeit schon mal um einen halben Tag reduziert haben" – und überlegte anschließend, wie ich mein System Unternehmen ändern muss, damit ich das erreiche: Mittlerweile sind die Freitagnachmittage in meinem Terminkalender in der Firma geblockt. Und zu meinem großen Erstaunen funktioniert das weitgehend problemlos. Kein Mitarbeiter, kein Kunde hat sich je darüber beschwert.

Viel leichter als gedacht hatte ich diese Zwischenetappe erreicht. Ohne meine Vision hätte ich mich nicht getraut, diesen Schritt zu machen. Da muss ich Helmut Schmidt widersprechen: Wer Visionen hat, sollte nicht zum Arzt gehen, sondern Unternehmer werden.

Zugegeben: Nicht alle Dinge, die Sie verändern möchten, können Sie so direkt beeinflussen. Es gibt auch Ziele, die Sie nur indirekt ansteuern können – für die es den Link über das System braucht.

Sagen wir, Sie wollen die Zahlungsmoral Ihrer Kunden verbessern, um auf mittlere Sicht Ihre Liquidität zu erhöhen und ruhiger schlafen zu können. Dann könnten Sie sich an Ihren Schreibtisch setzen, um Rechnungen zu schreiben und härter nachzufassen. Aber durch diese operative Tätigkeit würden Sie wieder in das Hamsterrad zurückfallen. Also ändern Sie etwas am System und gestalten andere Rahmenbedingungen. Vielleicht führen Sie eine 24-Stunden-Abrechnungsregel ein: „Bei uns erfolgt die Leistungsabrechnung innerhalb eines Tages!"

Egal, welche Maßnahmen in Ihrem Fall die richtigen sind, damit Sie Ihrer Vision näher kommen. Das wichtigste Kriterium ist immer: Sind Sie Ihrem „Plan vom Glück" – Sie wissen schon, das wundervolle Lied von Herbert Grönemeyer – ein Stückchen näher gekommen? Und ja, bei dieser Frage geht es um *Sie*!

Sie sind der Maßstab!

Das heißt nicht, dass Sie damit zum Ego-Shooter mutieren. Natürlich legen Sie noch weitere Kriterien an die Tauglichkeit Ihrer Maßnahme an. Schließlich macht die nur Sinn, wenn sie nicht die Finanzen, die Kunden- und Mitarbeiterzufriedenheit oder die Produktqualität in der Firma negativ beeinflussen.

Wenn Sie zum Beispiel merken, dass Ihnen bei der 24-Stunden-Abrechnungsregel die Mitarbeiter auf die Barrikaden gehen, weil die zu flotten Zahlungsaufforderungen die Beziehung zu den Kunden irritieren, dann war das die falsche Methode. Aber das heißt nicht, dass Ihr Ziel, die Liquidität zu erhöhen, falsch ist. Vielmehr überlegen Sie – oder noch besser Ihre Mitarbeiter – sich eine andere Maßnahme.

Und über eines müssen Sie sich im Klaren sein: Einen reinen Durchmarsch bei der Umsetzung Ihrer Vision werden Sie nicht hinkriegen.

Keep on Track

Sie werden immer wieder auf Hindernisse unterschiedlichster Art stoßen. Das können externe Schocks sein, wie zum Beispiel, dass sich die Marktlage radikal ändert, oder Ihnen brechen wichtige Kunden weg.

Oder innerhalb Ihres Unternehmens knirscht es mit der Umsetzung: Sie haben etwas mit den Mitarbeitern besprochen und denken sich „Alles gut, das wird gewuppt, das läuft“ – und ein paar Tage später denken Sie: ‚Oh nee, jetzt machen die das doch anders.‘

Manchmal stellen Sie sich auch heimlich, still und leise selbst die Hindernisse in den Weg: Sie machen, ohne groß darüber nachzudenken, nach und nach wieder alles so wie früher. Stichwort: Macht der Gewohnheit.

Jedes Hindernis kann Sie *off track* bringen. Oft genug können Sie auch nicht mit dem Kopf durch die Wand, sondern müssen einen Schlenker außen herum machen. Alles kein Thema, denn Sie haben ja Ihre Idee vom Unternehmersein als Orientierungspunkt. Und Sie können jederzeit abgleichen: Bin ich noch auf Kurs? Oder bin ich gerade ein wenig abgekommen und muss nachjustieren?

Meine persönliche Vision besteht aus wenigen Sätzen. Hin und wieder hole ich mir diesen gelben Zettel, auf dem ich die Sätze notiert habe, vor und frage mich: ‚Na, Timo, bist du noch *on track*?'

Ihre Antwort auf die Frage aller Fragen gibt aber viel mehr als nur Ihnen selbst eine neue selbstbestimmte Spur vor.

Machen Sie weiter!

Ihre eigene Weiterentwicklung im Unternehmersein wird den Spirit in Ihrem Unternehmen verändern. Wie, das möchte ich Ihnen an einem Beispiel zeigen: Ich bin mit einem Ende 50-jährigen Unternehmer im Sparring, bei dessen Firma ich auch Kunde bin. Für die Mitarbeiter dort ist es ein offenes Geheimnis, dass ihr Chef zu mir kommt. Deshalb sprach mich einer von ihnen kürzlich an, als ich mich wegen einer Bestellung bei ihm meldete: „Herr Kaapke, ich wollte Ihnen schon lange mal sagen: Ich weiß ja nicht, was Sie da mit dem Senior machen, aber machen Sie weiter! Das tut uns gut.“

Ich fragte: „Aha, interessant! Was ist denn passiert?“

Der Mitarbeiter: „Er ist viel geduldiger geworden und lässt mehr los. Er traut mir und auch meinen Kollegen mehr zu, interessiert sich und fragt auch mal nach persönlichem Kram. Es hat sich vieles verändert.“

Was er schilderte, mögen Sie als Kleinigkeiten bezeichnen, aber gerade die wirken oft in der Wahrnehmung extrem stark. Ja, Ihre Antwort auf die Frage aller Fragen kann radikaler kulturverändernd für Ihre Firma sein, als Sie es vermuten würden. Sie sorgen für einen anderen Spirit.

Und der kann sehr spannende Folgen haben ...

Vorsicht: Mit-Unternehmer

Wenn Sie aus dem operativen Hamsterrad aussteigen, entsteht da, wo Sie bis jetzt mitgemischt haben, eine Lücke – oder aus der Perspektive der Mitarbeiter gesehen, ein Freiraum. In diesen können Ihre Mitarbeiter hineinwachsen und sich entfalten, ob in Fachkraft- oder in Manager-Rollen.

Natürlich dauert der Prozess eine Weile und manchmal wird auch etwas schiefgehen. Aber viele Mitarbeiter wachsen an ihrer neuen Freiheit – und das ist unheimlich positiv.

Ihr neues Unternehmersein ermöglicht vieles, was der Megatrend New Work und manch ein Mitarbeiter der jüngeren Generation für sich fordert: mehr Freiraum, mehr Selbstbestimmung, mehr Sinnhaftigkeit in ihrer Arbeit und in dem Unternehmen, für das sie sich einsetzen. Und das ist nicht zuletzt ein wichtiges Argument zur Gewinnung neuer Mitarbeiter.

Doch bei etlichen Mitarbeitern geht die Entwicklung unter diesen Rahmenbedingungen noch weiter.

Denn die denken sich: ‚Geil, ich kann hier was gestalten. Hey, ich hätte Lust auf mehr …‘ Das heißt: Sie haben sich so weiterentwickelt, dass sie sich nun wünschen, noch mehr in die Verantwortung zu gehen. Sie haben Lust darauf, unternehmerischer zu werden und auch Dinge zu entscheiden, die bislang dem Unternehmer vorbehalten waren. Sie wollen zu Intrapreneuren werden.

Ich kenne zum Beispiel eine Firma, in der Fachkräfte innerhalb eines definierten Rahmens unternehmerische Investitionsentscheidungen treffen dürfen. Wenn eine Maschine kaputt ist und der Mitarbeiter die Lage so einschätzt, dass eine sofortige Reparatur notwendig ist, darf er den Auftrag bis zu einer hohen fünfstelligen Summe selbst und ohne Rücksprache mit seinem Abteilungsleiter oder dem Unternehmer anstoßen. Das ist in vielen Unternehmen undenkbar! Das ist eine Menge Geld. Aber so hat der Unternehmer den Rahmen geschaffen, um Mitarbeiter zu Intrapreneuren zu machen.

Klar, das hat alles seine Grenzen. Bestimmte Entscheidungen würde kein Unternehmer anderen überlassen. Mitarbeiter werden durch ihr Intrapreneursein zwar zu Mit-Unternehmern, aber nicht zu Unternehmern.

Sicherlich träumt nicht jeder Mitarbeiter davon, Mit-Unternehmer zu sein – auch das haben wir bei KAAPKE® schon festgestellt aber viele, gerade die fachlich gut sind, sind irgendwann bereit für diese neue Rolle, sodass Sie die Option mit den Intrapreneuren in Ihrer Firma überhaupt haben. Inwieweit Sie sie nutzen wollen, ist ganz allein Ihre Entscheidung. Denn seien Sie sich im Klaren: Diese Konstellation wird Sie emotional vor eine Herausforderung stellen.

Kein Grund zu jammern

Wenn es Ihnen so erfolgreich gelungen ist, Ihren Mitarbeitern Wachstum zu ermöglichen, dass diese jetzt auch noch unternehmerische Entscheidungen treffen möchten, können Sie Fragen beschleichen wie: ‚Wollen die mich hier rausdrücken?', ‚Habe ich denen zu viel Einfluss gegeben?', ‚Brauchen die mich überhaupt noch für irgendwas?'. Oder Sie merken, dass Sie einen aufstrebenden Mitarbeiter auf einmal als Konkurrenten um die „Macht" in der Firma sehen. Es kommen also keine guten Gefühle bei Ihnen hoch.

Dagegen hilft nur, dass Sie Ihre Vision aus der Tasche ziehen: Steht da nicht, dass Sie genau das erreichen wollten?

Dass die Mitarbeiter Verantwortung übernehmen und dadurch für sich und das Unternehmen Erfolge feiern? Falls ja, können Sie sich leichter über die Entwicklung Ihrer Mitarbeiter freuen und sich selbst gratulieren: Sie kommen Ihrer Vision spürbar näher.

Und falls nicht, denken Sie über die Rahmenbedingungen, die Sie in Ihrer Firma gestaltet haben, nach: Haben Sie das Spielfeld zu groß abgesteckt? Sie haben es in der Hand, es zu ändern, wenn Ihr Unternehmen auf die Art nicht mehr das erbringt, was Sie von ihm brauchen, um *Ihre* Vision zu erreichen.

Mir persönlich hilft dieser Abgleich mit meiner Vision, aus Situationen, die mich emotional mitnehmen, den Ärger rauszunehmen und in konstruktive Gestaltungsarbeit umzuwandeln. Das ist für mich der Reiz am Unternehmersein: Über Hindernisse, die auf meinem Weg liegen und an denen ich etwas ändern kann, muss ich nicht jammern, sondern kann mich darauf konzentrieren, an der Situation etwas zu ändern. Und über Hindernisse, an denen ich nichts ändern kann, brauche ich erst recht nicht jammern – denn die sind *part of the game*. Und so habe ich nie Grund zu jammern.

Sie haben also gesehen: Die Frage aller Fragen ist wahrhaftig zentral für Sie als Unternehmer.

Und Ihre Antwort darauf hat nicht nur für Sie, sondern auch für Ihr Unternehmen und Ihre Mitarbeiter – und mittelbar auch für Ihr privates Umfeld und die Kunden große Auswirkungen. Einen Effekt habe ich bisher noch nicht erwähnt. Dabei ist er für einen entscheidenden Schritt in Ihrem Unternehmersein von zentraler Bedeutung: Ihre Nachfolge.

Selbst wenn Sie noch Jahre und Jahrzehnte von diesem Schritt entfernt sind, lohnt es sich, schon heute darüber nachzudenken. Und wie immer beginnt das Nachdenken mit einer irritierenden Frage: „Lieber Unternehmer, wer ist eigentlich dein Kunde?"

Ihr liebster Kunde

Unglaublich viele mittelständische Betriebe in Deutschland stehen heute vor der Herausforderung der Nachfolge und müssen, wenn diese nicht erfolgreich geklärt wird, geschlossen werden. Wenn Sie das verhindern wollen, sollten Sie sich frühzeitig darüber bewusst werden, was die Antwort auf diese Frage ist. Sie ist so einfach wie für viele überraschend: Es ist Ihr Nachfolger.
Und das Produkt, das Sie diesem Kunden verkaufen wollen, ist nichts anderes als: Ihr Unternehmen.

Dabei ist es egal, ob Sie dafür Ihren Sohn, Ihre Tochter, weitläufigere Verwandte, einen langjährigen Mitarbeiter oder einen Fremden im Auge haben. Denn für alle gilt: Je attraktiver Ihr Produkt Unternehmen ist, desto größer ist die Chance, dass Sie denjenigen für Ihre Nachfolge begeistern können.

Ihre Aufgabe als Unternehmer ist also auch aus diesem Grund, Ihre Firma nach Ihrer Vision so gut zu gestalten, dass Ihr Produkt Unternehmen am Ende hervorragend dasteht. Und mit dieser Aufgabe können Sie nicht früh genug anfangen …

Ich bin im Sparring mit einem Unternehmer, der sich vor zehn Jahren erfolgreich selbstständig gemacht hat. Heute ist er Mitte 40, ein gestandener Mann im Vollbesitz seiner Kraft. Meine Frage nach der Nachfolge jedoch hat ihn völlig aus der Fassung gebracht. Aufgebracht sagte er zu mir: „Ey, spinnst du? Ich bin doch gerade voll im Geschäft drin, da hemmt mich doch so ein Gedanke nur.“

„Wie lange möchtest du denn noch weitermachen?“, frage ich ruhig.

„Keine Ahnung. So bald werde ich noch nicht rausgehen“, fauchte er.

„Das habe ich auch nicht gesagt. Aber hast du schon mal darüber nachgedacht, wie lange? 20 Jahre? Oder nur 15? Oder doch 25?“, bohre ich nach.

„Tja“, sagt er und klingt schon nachdenklicher.

„Könnte es sein, dass du heute Entscheidungen für dein Unternehmen triffst, die Auswirkungen auf diesen Zeithorizont haben?“

„Manche wohl schon“, antwortet er zögernd.

„Wäre das nicht ein gutes Gefühl, heute schon die richtigen Weichen zu stellen?“, frage ich.

Er nickt und sagt ganz fröhlich: „OK, so hatte ich das ja noch nie gesehen.“

Radikal

Die Auswirkungen, die es hat, wenn Sie für sich die zentrale aller Unternehmerfragen beantworten, reichen also nicht nur in alle Kontexte Ihres Lebens, sondern auch weit über das Heute hinaus.

Das macht Ihre Antwort so radikal im Sinne von „Radix", dem lateinischen Wort für Wurzel.

Sie reicht tief, sehr tief. Und das ist der Grund dafür, warum sie so vielfältige Auswirkungen hat. Denn mit der Arbeit an Ihrer Antwort arbeiten Sie an nichts anderem als Ihrer Identität.

Die ist es, die Ihnen Ihre Freude am Unternehmersein gibt – und allen anderen die Möglichkeit der Identifikation. Warum Sie damit allen eine Freude machen, erfahren Sie im letzten Kapitel.

17 DER GIPFEL DER FREUDE

Wollen Sie mit Ihrem Unternehmersein Erfolg haben?

Blöde Frage, nicht wahr? Das beansprucht schließlich jeder Unternehmer für sich – egal was er macht und egal wie lange er schon dabei ist. Erfolg macht Freude, Erfolg spornt an, Erfolg ist immer ein Ziel. Deshalb ist die viel spannendere Frage: Was ist *für Sie* Erfolg?

Viel Geld zu verdienen? Hohes Ansehen zu genießen?

Sich Freiraum geschaffen zu haben? Ein erfülltes Leben zu genießen? Das alles zusammen? Oder etwas ganz anderes?

Geraten Sie ruhig ins Grübeln, das ist gut: Die Erfolgsfrage ist eine extrem wichtige Hilfsfrage, damit Sie Ihre Unternehmerfrage noch klarer beantworten können. Schließlich haben Sie dann Ihren Gipfel der Freude vor Augen. Vielleicht hilft Ihnen beim Überlegen die Definition von Erfolg im Unternehmersein, die ich für mich erdacht habe. Diese habe ich in eine „Erfolgsformel" gegossen. Sie beinhaltet alles, was für mich dazu gehört, und lautet:

Erfolg = Erlebnis + Ergebnis

Sie sehen: Für mich gehören zwei Variablen in die Rechnung und erst ihre Summe ergibt für mich echten Erfolg.

Die eine Variable ist das Ergebnis, das heißt zum Beispiel, gutes Geld zu verdienen, Mitarbeiter einzustellen, ein wirtschaftlich gesundes Wachstum zu erreichen, tolle Produkte zu entwickeln. Ohne diese Ergebnisseite kann ich weder meine Familie ernähren noch meine Firma lange über Wasser halten.

Sie gehört also unbedingt dazu. Aber eben nicht nur.

Die zweite Variable ist das Erlebnis: meine Gestaltungsfreiheit auszuleben, eine tolle Unternehmenskultur zu prägen und so weiter. Diese Erlebnisseite ist für mich genauso wichtig, um das Gefühl von Erfolg zu haben. Wegen der Kohle alleine wäre ich nie Unternehmer geworden: Ich kann Ihnen verraten, dass ich in den Gründungsjahren meiner Firma nicht mal die Hälfte von dem verdient habe, was ich in meiner letzten Anstellung davor hatte.

Meine Definition von Erfolg hat also zwingend zwei Bestandteile. Wenn Sie dagegen verschiedene Menschen auf der Straße fragen, woran sie sehen, dass ein Unternehmer Erfolg hat, hören Sie entweder nur von der einen Seite – „ein Unternehmer fährt ein dickes Auto" oder „badet in Schampus und Kaviar" – oder von der anderen – „der kann machen, was er will".

Aus meiner Sicht haben all diese Menschen recht. Sie schauen nur jeweils auf eine Seite der Medaille – doch die hat bekanntlich zwei. Und erst durch die Kombination einer guten Vorder- und einer gelungenen Rückseite wird daraus eine Erfolgsplakette. Deshalb besteht auch mein Claim „FROHES SCHAFFEN" aus zwei Teilen: Das FROHES steht für das Erlebnis, das SCHAFFEN für das Ergebnis.

Ihre Antwort auf die Erfolgsfrage ist deshalb so wichtig, weil sich daraus die Hauptaufgabe für Ihr Unternehmersein ergibt …

Die Andockstelle

Den Ausgleich hinzukriegen zwischen Erlebnis und Ergebnis, dass die Summe sich für Sie nach Erfolg anfühlt: Das ist das Ziel, denn dann können Sie Ihr Unternehmersein genießen. Das ist wie in dem Taucherbild: Es geht darum, dass Sie in den Zustand des Austariertseins gelangen. Wenn Sie alle Auf- und Abtriebskräfte, die auf Sie einwirken, in Ausgleich bekommen, kann das Abenteuer Ihres Tauchgangs für Sie erst zum Gipfel der Freude werden.

Mit diesem Ziel können Sie sich so richtig identifizieren, es ist ganz und gar Ihres. Das ist auch die Brücke zur Identifikation mit Ihrem Unternehmen: Wenn Sie es so gestalten, dass das Unternehmensziel für Sie einen Beitrag zu Ihrem persönlichen Erfolgsbild leistet, können Sie sich darin wiederfinden.

Denn mit etwas Abstraktem wie einer „Organisation" kann sich kein Mensch identifizieren. Menschen können nur an einer Idee, an Werten andocken – auch wir Unternehmer.

Deshalb steht am Anfang eines Unternehmens auch nicht die Motivation, eine Struktur zu schaffen, sondern eine Idee zu verwirklichen. Und der „Mutterboden" der Gründungsidee ist die Klarheit des Unternehmers bei der Frage: Was will ich? Daraus entsteht Energie. Und nicht aus Überlegungen wie „so ein Organigramm macht mich echt an".

Und für die meisten Unternehmer besteht die Idee, an der sie sich entzünden, auch nicht vorrangig aus dem Wunsch, doppelt so viel zu verdienen wie als Angestellter. Identifikation entsteht in der Regel mit der Erlebnisseite. Das Ergebnis ist der angenehme Nebeneffekt.

Auch bei meiner Firma war die Gründungsmotivation nicht, die x-te Agentur ins Leben zu rufen. Vielmehr hatte ich festgestellt, dass der deutsche Mittelstand zwar super Produkte zu bieten hat, aber es oft nicht schafft, diese als Marken wahrnehmbar zu machen. Was für eine vergebene Chance! Daraus wurde meine Vision und der Antrieb zu gründen.

Solange Sie in Ihrer Firma Ihre Vision verwirklicht sehen, können Sie sich voll mit ihr identifizieren. Geht Ihnen die Identifikation flöten, haben Sie vielleicht noch ein gutes Ergebnis, aber kein gutes Erlebnis mehr. Ihr Austariertsein, Ihre Erfolgsformel bröckelt.

Ich habe ja einen schlimmen Verdacht ...

Alarm

Mittelständische Unternehmer in Deutschland tun sich oft sehr schwer damit, sich und anderen einzugestehen, dass sie stolz auf ihre Firma sind. Kann es sein, dass sie diesen Stolz deshalb nicht empfinden, weil sie sich nicht (mehr) mit ihrem Laden identifizieren können?

Stolz ist ein sehr starkes Gefühl und ich glaube, dass eine innige Identifikation notwendig ist, um ihn zu spüren. Wenn ein Unternehmer also keinen Stolz fühlt, könnte es sein, dass ihm genau diese Identifikation abhandengekommen ist? Vielleicht liegt das daran, dass er selbst noch nicht erkannt hat, was er wirklich will und welchen Beitrag das Unternehmen für ihn persönlich leisten soll und kann ...

Denn wenn er das, was er will, für sich klar hat und das im Unternehmen auch umsetzt, würde ihm ja gar nichts anderes übrig bleiben, als Stolz zu empfinden. Ob er diesen Stolz anschließend in die Welt posaunt oder für sich behält, ist seine Sache. Keinen zu haben, ist jedenfalls ein Alarmzeichen.

Deshalb möchte ich diese Frage genauso an Sie weiterspielen wie zu Beginn des Kapitels schon die Erfolgsfrage:

Sind Sie stolz auf Ihr Unternehmen?

Falls Sie mit Ihrer Antwort zögern oder eher mit dem Kopf schütteln, stellen Sie sich gerne noch eine Frage:

Was müsste denn passieren, damit Sie Stolz empfinden?

Nein, das sind keine Luxusgedankenspiele, sondern fundamentale Fragen! Und die Antwort darauf geht zunächst nur einen einzigen Menschen etwas an – den dafür aber umso mehr: Sie selbst. Ich möchte Sie deshalb ermutigen, sich mit diesen Fragen auseinanderzusetzen. Ich kann Ihnen versprechen, dass es sich für Sie lohnen wird. Und nicht nur für Sie, denn die Identifikation mit Ihrer Unternehmensidee und Ihre erfolgreiche Austariertheit zwischen Erlebnis und Ergebnis ebnet nicht nur Ihnen den Weg zum Gipfel der Freude.

Die Freude der anderen

Sie als Unternehmer gestalten das Spielfeld Ihres Unternehmens und entsprechend sieht Ihre Firma dann auch aus: Wenn Ihr voller Fokus auf dem Ergebnis liegt, arrangieren Sie dieses Spielfeld anders, als wenn Sie auch das Erlebnis als notwendigen Teil Ihres Erfolges definieren.

Je klarer Sie das Spielfeld gestalten, desto deutlicher können Mitarbeiter und Kunden erkennen: Passt die Idee, die hinter dieser Gestaltung steckt, zu mir oder nicht? Nennen Sie es Nasenfaktor, Chemie oder Wellenlänge: Wenn die nicht stimmt, wird keiner glücklich.

Für mich ist es deshalb nichts weniger als Fair Play, wenn sowohl Mitarbeiter und Bewerber als auch Kunden wissen, für was eine Firma steht – um sich dann für oder gegen das Unternehmen zu entscheiden. Die Wege trennen sich sowieso über kurz oder lang, wenn die beiden Seiten nicht zusammenpassen. Mit der frühzeitigen Klärung ersparen sich alle Seiten jede Menge Konflikte, die aus enttäuschten Erwartungen entstehen müssen.

Es heißt, jedes Unternehmen habe die Mitarbeiter und die Kunden, die es verdient.

Da ist etwas dran, denn Sie ziehen mit den Rahmenbedingungen, die Sie gestalten, solche Menschen an, die sich damit identifizieren können. Haben Sie Ihren Rahmen bewusst so gestaltet, wie Sie ihn wollen, werden sich auch diejenigen Mitarbeiter und Kunden bei Ihnen sammeln, die Sie wollen. Bei Unternehmern, die sich ständig über ihre Mitarbeiter und Kunden beschweren, frage ich mich dementsprechend, woran das liegen könnte …

Und es ist nicht frech, sondern wohlwollend und ernsthaft gemeint, wenn ich Sie jetzt frage: Haben Sie die Mitarbeiter und Kunden, die Sie wollen?

Doch zurück zu dem Thema, warum Ihre bewusste Austarierung zwischen Erlebnis und Ergebnis nicht nur Sie zur Freude führt.

Keine Panik auf der Titanic

Stellen Sie sich vor, Sie arbeiten in einer Firma, mit der Sie sich identifizieren können. Das ist schon mal toll. Und dann merken Sie auch noch, dass Ihr Chef sich ebenfalls voll mit dieser Firma identifiziert.

Das ist noch toller, denn dann haben Sie beide ganz unabhängig von Ihren Rollen in diesem Unternehmen schon mal etwas gemeinsam.

Diese Gemeinsamkeit hat etwas mit den Werten und dem Sinn zu tun, die in der gelebten Unternehmensidee stecken. Das macht Sie und Ihren Chef sowie Ihre Kollegen, denen es ähnlich geht, zu „Gleichgesinnten". Sie bilden zusammen eine Wertegemeinschaft. Sie alle können in vielen anderen Belangen total verschieden sein, doch das macht nichts: Sie passen irgendwie zusammen.

Wie gut das funktioniert, sehe ich immer an einer meiner Lieblingsbands. Das ist Udo Lindenberg mit seinem Panikorchester. Wenn Sie die auf der Bühne sehen, wird sofort klar: Uniformität gibt es bei denen nicht. Jeder, der da mitspielt, ist anders als die anderen – einschließlich dem Alten. Doch zusammen sind sie der Hammer.

Das Gefühl, an einem Strang zu ziehen, und mit anderen gemeinsam an einem großen Ganzen zu arbeiten, ist für sich genommen bereits ein positives Erlebnis für jeden Mitarbeiter. Und wenn darüber hinaus die Rahmenbedingungen so sind, dass das Erlebnis nicht nur möglich, sondern erwünscht ist, entsteht echte Freude in und an der Arbeit.

Sie gehen als Mitarbeiter ganz anders in den Feierabend, wenn Sie Freude an Ihrer Arbeitsstelle erleben. Das schafft Lebensqualität.

Über diese Bande gespielt, dringt die Freude auch zu den Kunden vor …

Von wegen B2B

Treffen Sie als Kunde auf einen begeisterten Mitarbeiter, werden Sie ein anderes Erlebnis haben, als wenn Sie mit einem genervten, gelangweilten oder im schlimmsten Fall aggressiven Gegenüber konfrontiert sind. Auch Ihre Lebensqualität steigt, wenn der andere Sie spüren lässt: Hey, ich freue mich, dich unterstützen zu dürfen, denn ich bin überzeugt, dass das, was wir hier tun, Sinn macht.

Ich weiß, das ist schon eine irre Flughöhe, aber das passiert tatsächlich und es macht den Unterschied – nicht nur auf der Erlebnisseite des Erfolges. Ich muss immer schmunzeln, wenn ich Kollegen von „B2C-“ oder „B2B-Geschäften“ reden hören. Ich sage: *Every business is a people´s business!*

Geschäfte werden immer von Mensch zu Mensch gemacht, deshalb gibt es nur P2P – people-to-people. Aus diesem Grund hängt der Erfolg eines Unternehmens auch davon ab, dass die Mitarbeiter diesen Erfolg – bestehend aus Erlebnis + Ergebnis – erleben.

Darüber hinaus setzt sich ein Erfolgskreislauf in Gang: Der Kunde, dessen Lebensqualität durch den freundlich-konstruktiven Umgang gestiegen ist, feedbackt seine Zufriedenheit dem Mitarbeiter. Der geht am Abend erst recht zufrieden nach Hause und am nächsten Morgen seine Aufgabe noch motivierter an. Und wenn dann auch noch der Unternehmer auf den Kunden trifft und die Rückmeldung erhält: „Bei euch bekomme ich so viel mehr, als auf meiner Rechnung steht", hat auch er das Erlebnis, das das Unternehmensergebnis erst zum Erfolg macht.

So pflanzt sich die Freude im Kreis weiter, schafft Erlebnis, das wiederum zum Ergebnis beiträgt. Rund herum gut, nicht wahr?

Vom Sinn und vom Zweck

Das funktioniert, weil Sie mit Ihrer Vision Ihrer Firma etwas Entscheidendes geben: Sie kreieren den Sinn und den Zweck. Oder anders gesagt, definieren Sie damit erst das Warum und daraus dann das Wozu.

Die meisten Unternehmer kommen irgendwann an den Punkt, wo sie sich laut polternd oder leise verzweifelt fragen: „Wozu der ganze Sch…?“ Doch das ist die falsche Frage. Richtig wäre: „Warum der ganze Sch…?“ Der Zweck ergibt sich immer aus dem Sinn. Und ohne Sinn gibt es keinen sinnvollen Zweck. Doch sobald Sie den Sinn, das Warum, für sich geklärt haben, ist der Schritt zum Zweck, das Wozu, nicht weit. Nur in dieser Reihenfolge wird ein Schuh daraus. Macht Sinn, oder?

Sinn und Zweck sind es auch, die spürbar bleiben müssen. Nur dann wirkt Ihr Spirit in der Firma weiter, auch wenn Sie nicht mehr operativ überall mitmischen. Ist Ihr Sinn nicht mehr spürbar, müssen sich die Mitarbeiter ihren eigenen Sinn suchen. Denn kein Mensch kann sinnlos handeln!

Handeln Ihre Mitarbeiter nicht mehr in Ihrem Sinne, fühlt sich Ihre Firma für Sie auf einmal fremd an.

Wie wollen Sie sich dann noch damit identifizieren und daran Freude haben? Es ist deshalb Ihre ureigenste Aufgabe als Unternehmer, den Sinn und Zweck der Veranstaltung dauerhaft zu verankern. Das ist kein einmaliger Prozess, sondern eine kontinuierliche Herausforderung – auch und gerade, wenn Sie sich auf die Unternehmer-Rolle fokussieren wollen.

Auf wen Sie in diesem Prozess allerdings guten Gewissens verzichten können, ist ein Berater, der für Ihre Firma ein sogenanntes Leitbild entwickelt.

Die meisten Werke, die auf diese Art in den letzten Jahren entstanden sind, hängen zwar als Poster an jeder Wand, aber kein Mitarbeiter weiß, was das eigentlich soll. Deshalb würde ich solche Leitbilder eher als „Leidbilder" bezeichnen, weil der frustrane Versuch, sie umzusetzen, nichts als Leid erzeugt.

Machen Sie ein t aus dem d

Dass die Umsetzung dieser Leitbilder in der gelebten Praxis nicht klappt, dafür können weder die Mitarbeiter etwas, noch die Personalabteilung, die den entsprechenden Berater ausgesucht und angeheuert hat, noch der Berater selbst oder die Führungskräfte, die in den Prozess involviert waren. Sie alle geben ihr Bestes, doch das Ergebnis muss trotzdem enttäuschen.

Der Einzige im Unternehmen, der authentisch den Sinn und Zweck formulieren kann, ist der Unternehmer. Tut er das nicht, beschränkt sich das Leitbild vielleicht auf einen ergoogelten Katalog von Werten und *fancy* Formulierungen. Mit denen der Unternehmer persönlich nichts anzufangen weiß oder – noch schlimmer – die Werte laufen den seinen zuwider.
So ein Leidbild hat nur eine Wirkung: Es macht jede Authentizität kaputt. Es ist nicht echt, wenn es nicht von innen gelebt wird.

Über ein Leidbild freuen können sich nur der Berater, der eine dicke Rechnung schreiben darf, und die Personalabteilung, die im Qualitätsmanagement-Handbuch ein Häkchen setzen kann hinter den Punkt: „Ein Leitbild haben wir nun auch."

Kennen Ihre Mitarbeiter dagegen den Unternehmenssinn und -zweck, den Sie als Unternehmer geprägt haben, gibt es keinen Bruch zwischen erlebtem und verkündetem Spirit. Dann funktioniert das mit der gemeinschaftsstiftenden Ausrichtung – zur Freude aller.

Ist das nicht Anreiz genug, sich mit der Unternehmer- und in der Folge mit der Unternehmensfrage auseinanderzusetzen? Ich finde schon. Und doch schrecken manche ältere Unternehmer davor zurück – und das hat einen Grund, den ich nachvollziehen kann.

Zu spät?

Ich kenne viele Unternehmer, die heute um die 60 Jahre alt sind. Sie sind die zweite, dritte oder vierte Generation, die den Laden führt. Wenn ich die frage, warum sie Unternehmer geworden sind, lautet die Antwort oft: „Papa und Mama haben gesagt, dass das nicht anders geht." Und dabei ist es geblieben.

Zu erkennen, dass Sie nie eine eigene Vorstellung entwickelt haben, warum und wozu Sie eigentlich Unternehmer geworden sind, kann richtig schmerzhaft sein: Da haben Sie sich jahrelang abgerackert, vielleicht waren die Zahlen auch super. Aber der Erfolg fühlte sich immer unbefriedigend an, von Stolz keine Spur. Und jetzt müssen Sie sich eingestehen: Das lag an Ihnen.

Sie haben all die Jahre nur dem „gehorcht", was Ihre Eltern, was Ihr Umfeld von Ihnen erwartet hat.

Eine eigene Idee vom Unternehmersein und dem, was Ihr Unternehmen für Sie leisten soll, haben Sie nie entwickelt. Und jetzt haben Sie nur noch wenige Jahre, bevor Sie Ihr Unternehmen einem Nachfolger übergeben. Lohnt es sich überhaupt, sich in diesen Schmerz noch mehr hineinzuwühlen und auf den letzten Metern des Unternehmerseins sich noch mit solchen anstrengenden Fragen auseinanderzusetzen?

Wenn Sie mich fragen: Unbedingt! Und zwar aus drei Gründen.

Für sich und für andere

Beim ersten Grund geht es ganz um Sie selbst. Denn ja, es ist schade, dass Sie die vielen Jahre Ihres bisherigen Unternehmerseins nicht wirklich genießen konnten, weil Sie den Sinn und Zweck nicht selbst definiert hatten. Aber warum sollen Sie sich die letzten Jahre auch noch versauen? Die Möglichkeit ist immer noch da. Noch ist Zeit, dass Sie zeigen können, dass Sie aus Ihrer eigenen Kraft heraus ein verdammt guter Unternehmer sind! So gut, dass vermutlich auch Ihre Eltern stolz wären, weil Sie die Firma erfolgreich in die Zukunft führen. Das wäre doch ein richtig gutes Finale, oder?

Der zweite Grund ist von ganz praktischer Natur: Wie wollen Sie jemandem die Nachfolge für ein Unternehmen schmackhaft machen, für das Sie selbst keine Begeisterung empfinden? Sie können sich nicht hundertprozentig mit Ihrem Laden identifizieren, weil er nicht Ihren Stempel trägt, sondern den Ihrer Eltern, den der Umstände, den des Zufalls.

Die heutige Nachfolger-Generation begeistern Sie nicht einfach damit, dass Sie eine Firma zu bieten haben, die wirtschaftlich auf gesunden Füßen steht. Die fragen auch nach dem Sinn und dem Geist, der in Ihrer Firma weht. Die wollen in einem Unternehmen Nachfolger sein, zu dem sie heute schon stehen können. Denn sonst gründen sie lieber selbst und neu. Oder machen etwas ganz anderes. Nicht zuletzt deshalb stehen viele mittelständische Unternehmen in Deutschland heute vor dem Aus, weil keiner Bock auf die Nachfolge hat.

Beim dritten und letzten Grund appelliere ich an Ihre Verantwortung für Ihre Nachfolge und Ihren Nachfolger: Wiederholen Sie nicht die Fehler Ihrer Eltern. Die haben Ihnen den Betrieb nach bestem damaligen Wissen und Gewissen in die Hand gedrückt und Sie haben gehorcht. Die Zeiten haben sich geändert, Sie können es besser machen.

Oder glauben Sie daran, dass Sie Ihrem Nachfolger einen guten Start bereiten, wenn alles, was Sie zur Übergabe sagen, ist: „Also Junior, ich hab ja hier ein Superding gemacht. Ich brauche jetzt noch so und so viel Geld aus dem Betrieb, und dann kannst du das übernehmen. Machste, ja, ne? Alles klar? Ciao.“?

Sie kriegen eine für beide Seiten erfolgreiche Nachfolge hin, wenn sowohl Sie als auch Ihr Nachfolger die Unternehmer- wie die Unternehmensfrage für sich geklärt haben. Anhand Ihrer beider Antworten können Sie Ihre Gemeinsamkeiten finden und daran orientiert im wahrsten Sinne des Wortes etwas gemeinsam und konstruktiv unternehmen.

Nachdem ich Ihnen sowieso zum guten Schluss drei Beispiele von Unternehmern schildern wollte, von denen jeder seine ganz eigenen Antworten gefunden hatte und damit eine großartige Entwicklung in seinem Unternehmersein nehmen konnte: Da fange ich doch gleich mit demjenigen an, der damit seine Nachfolge positiv gestalten konnte.

Wo die Antwort hinführt – Beispiel 1: Rückwärts betrachtet

Tatsächlich ist die Motivation bei älteren Unternehmern, die sich auf die Suche nach ihrer Antwort begeben, neben einer gewissen Neugier in aller Regel die Sorge um ihre Nachfolge. Vielleicht haben sie Zweifel, ob die junge Generation mit ihren Ideen der Firma wirklich guttut, ob sie wirklich die Richtigen sind für das Unternehmen oder ob der Junior wirklich der passende Geschäftsführer ist oder besser „nur" Gesellschafter werden sollte. Oder sie merken, dass es nicht so leicht ist, zum Beispiel mit ihren Kindern über die Gestaltung der Nachfolge überhaupt in ein konstruktives Gespräch zu kommen. Irgendwie klappt die Verständigung nicht …

So war es auch bei dem 55-jährigen Unternehmer, von dem ich Ihnen erzählen will. Er hatte die Firma vor vielen Jahren von seinem Vater übernommen, weil es eben so vorgesehen war – nicht weil er es sich gewünscht hatte. Gedanken darüber, was seine Idee vom Unternehmersein ist und was er wirklich will, hatte er sich nie so richtig bewusst gemacht. Deshalb kostete es ihn einiges an Überwindung, damit anzufangen.

Schließlich einigten wir uns darauf, dass er eine quasi rückwärts blickende Vision handschriftlich notieren sollte: Er stellte sich vor, es sei sein 70. Geburtstag, und er schrieb – wie in einer Art Tagebucheintrag –, wie er diesen Tag erlebt. Wie es ihm gesundheitlich geht. Wie seine Lebensumstände sind. Wie er seine Tage verbringt. Wie es der Firma geht. Wie es seinem Kind geht, das in die Firma eingestiegen ist: Ob es ihn wegen der Nachfolge ablehnt, oder ob es ihm dankbar ist.

Der Unternehmer staunte, was sich allein dadurch in ihm in Gang setzte, dass er seine Gedanken schriftlich niederlegte. Diese waren wahrhaftig nicht perfekt formuliert oder besonders leserlich geschrieben, dennoch wirkten sie. Nach und nach – er schrieb mehrere Tage an diesem „Tagebucheintrag" – entstand in seinem Kopf und auf dem Papier eine Art Blaupause dazu, wie er sich und sein Unternehmen in den nächsten Jahren aufstellen wollte. Und zwar eine, die weit über das finanzielle Ergebnis der Firma hinaus ging.

Damit konnte er den Schritt angehen, der ihm besonders am Herzen lag: die Nachfolge mit seinem Kind zusammen zu gestalten. Dafür holten wir „Junior" mit ins Boot. Auch er sollte aufschreiben, was er in fünfzehn Jahren erreicht haben wollte – ganz ähnlich wie der Vater.

Und dann veranstalteten wir eine „Lesung“ unter sechs Augen: Jeder der beiden las das vor, was er aufgeschrieben hatte. Ungeschminkt und offen legten sie ihre Bedürfnisse, ihre Vorstellungen und Wünsche auf den Tisch. Für beide ein bewegender Moment, denn beide hatten vorher die Angst, dass der andere sich überfordert oder abgestoßen fühlen könnte. Doch weil jeder vorbereitet war, konnten sie zum ersten Mal unverstellt über ihre Vorstellungen reden. Anstatt auf höchstem Niveau aneinander vorbeizureden, begannen sie auf einmal von den gleichen Dingen zu sprechen. Ausgehend von ihren eigenen Bedürfnissen konnten sie konstruktiv nach ihren Gemeinsamkeiten suchen, statt sich auf die Unterschiede zu fokussieren – und in Bezug auf das System Unternehmen reflektieren.

Mir ging das Herz auf bei diesem Anblick: Das war keine Take-it-or-leave-it-Übergabe, sondern eine gegenseitige Einladung, das Unternehmen gemeinsam zu gestalten. Senior und Junior waren in diesem Moment komplett auf Augenhöhe. So soll das sein!

Für das nächste Beispiel, welche teils überraschenden Lösungen sich ergeben, wenn Sie die Unternehmerfrage klären, springe ich mit Ihnen zu Unternehmern, die in einer ganz anderen Phase der Entwicklung steckten …

Wo die Antwort hinführt – Beispiel 2: Konfliktfrei aufgedröselt

Unternehmer, die erst vor wenigen Jahren gegründet oder übernommen haben, haben oft zumindest schon etwas von der Notwendigkeit der Selbstreflexion gehört – auch wenn sie in der Regel unterschätzen, wie tief diese notwendige Auseinandersetzung reicht. Ein junger Sparringspartner brachte mir zum Beispiel einmal eine Checkliste, die er dazu im Internet gefunden hatte. Er überreichte sie mir mit den Worten: „Die habe ich schon mal ausgefüllt. Damit haben wir die Hälfte der Arbeit ja schon geschafft, nicht wahr?“ Nach einem kurzen Blick darauf antwortete ich: „Nicht ganz. Das sind in etwa drei Prozent.“

Erste Antworten zu finden, ist nicht schwer. Sich die richtigen Fragen zu stellen, ist wesentlich anspruchsvoller. Denn aus den richtigen Fragen ergeben sich erst einmal eine Latte weiterer Fragen. Und hinter denen tun sich noch einmal mehr Fragen auf, so lange bis Ihre Auseinandersetzung tief genug geht.

Nicht auf die leichte Schulter nahmen die beiden Gründer das Thema, von denen ich Ihnen jetzt erzählen möchte.

Sie hatten einst in einer Firma zusammengearbeitet und dabei gemerkt, dass sie sich fachlich super wie menschlich gut ergänzten: der eine Betriebswirt, der andere Techniker. Also gründeten sie ihr eigenes Unternehmen.

Ihr Laden lief schnell sehr gut, bald hatten sie an die 30 Mitarbeiter. Doch die beiden merkten, dass sie sich mit der Zeit entfremdeten. Sie stritten immer häufiger und machten sich gegenseitig Vorwürfe. Ihnen wurde auch bald klar, dass ihre Differenzen nicht im Fachlichen lagen, sondern auf der Sinnebene – aber wo genau?

Im Verlauf vieler Gespräche schälten wir heraus, dass es im Kern um die Frage ging: „Müssen wir, weil wir zu gleichen Teilen Gründer und Gesellschafter sind, auch die gleichen Rollen und die gleiche Verantwortung in der Firma übernehmen?". Und diese Frage führte sie zur Frage aller Fragen: Was ist unsere Idee vom Unternehmersein?

Es stellte sich heraus, dass der Kernanspruch des Betriebswirts war, das gemeinsame Unternehmen weiterzuentwickeln, es internationaler aufzustellen und Kooperationen anzustoßen. Der Techniker hingegen wollte einfach nur möglichst selbstbestimmt an seinen Anlagen stricken. Sie hatten also grundlegend verschiedene Antworten auf ihre Unternehmerfrage.

Diese Erkenntnis klingt so lapidar, doch die beiden haben einen langen Weg dahin zurückgelegt. Von der Gründung an hatte jeder vom anderen stillschweigend angenommen, der hätte die gleiche Idee vom Unternehmersein wie er selbst. Und erst als jeder sich seiner Vorstellung bewusst wurde und sie sie miteinander abgleichen konnten, wurde die eigentliche Ursache ihrer Konflikte offensichtlich. Endlich konnten sie eine Lösung entwickeln, die für beide passte ...

Das aktuelle Ende vom Lied ist, dass der eine sich ganz auf die Unternehmer-Rolle fokussiert, während der andere die Rolle der ersten Fachkraft einnimmt. Und für die Manager-Rolle haben sie sich inzwischen sogar einen Geschäftsführer eingestellt. So hat jeder den Platz im Unternehmen gefunden, der seiner Antwort entspricht – ganz ohne dass die beiden sich gegenseitig zerfleischten und neben dem Unternehmen auch noch ihre Freundschaft aufs Spiel gesetzt hätten.

Das dritte und letzte Beispiel dreht sich um einen Unternehmer, der auf dem besten Wege war, sich im Hamsterrad seiner Firma zugrunde zu richten. Er ist einer von denen, die sich für zu alt halten, um alles hinzuschmeißen und nochmal ganz von vorne anzufangen, aber noch viel zu jung sind, um rauszugehen aus der Firma. Diese Unternehmer fühlen sich oft ganz besonders unter Druck und sehen keinen Ausweg. Und schon gar keinen, der über die Auseinandersetzung mit sich selbst führt …

Wo die Antwort hinführt – Beispiel 3: Gesund der Frau zuliebe

Dieser erfolgreiche Unternehmer mit seinen knapp 50 Jahren war zu mir gekommen, weil seine Frau ihn massiv dazu drängte. Sie hatte schlichtweg Angst um ihn: Die mehr als 20 Jahre im Hamsterrad begannen, Spuren zu hinterlassen. Er arbeitete in seinem Betrieb mit Dutzenden Angestellten immer noch in allen drei Rollen und schuftete wie ein Tier. Viel Stress. Viel Autofahren. Schlechtes Essen. Wenig Sport.

Das verkraftet kein Mensch auf Dauer – und das merkte er selbst inzwischen. Also halb schob ihn seine Frau, halb sank er hin: Er ließ sich darauf ein, setzte sich mit der Unternehmerfrage auseinander und fand seine Antwort. Drei wesentliche Konsequenzen zog er aus seiner Erkenntnis: Erstens gab er die Fachkraft-Rolle komplett ab, zweitens ernannte er einen langjährigen Mitarbeiter zum zweiten Geschäftsführer und nimmt drittens seine Unternehmer-Rolle endlich ernsthaft und mit Hingabe wahr.

Zum ersten Mal hat er die Zeit, sich zum Beispiel in Gremien zu engagieren, neue Kontakte zu knüpfen und an spannenden Projekten teilzunehmen. Und er nimmt sich endlich wieder Zeit für Sport. Sie können ihm die Veränderung buchstäblich ansehen: Er hat abgenommen, ist fitter und sieht einfach wesentlich gesünder aus. Endlich strahlt er wieder Freude aus – und seine Frau auch.

Das sind drei Beispiele von vielen möglichen: Jedes sieht anders aus, weil jeder seine Unternehmerfrage anders beantwortet. Und wie sieht Ihre Antwort aus?

Die folgende Seite ist nur für Sie: Lassen Sie die Frage auf sich wirken, beschäftigen Sie sich mit ihr und schreiben Sie Ihre Antwort für sich auf. Ob in dieses Buch oder an einen ganz anderen Ort. Nur: Tun Sie es!

Um Ihrer selbst willen, um Ihres Unternehmens willen und um derer willen, die Anteil an Ihrem Leben haben. Sie werden es nicht bereuen. Fangen Sie am besten gleich damit an!

Hier und jetzt!

Oder halt: Einen Moment noch …

Was ist meine Idee vom Unternehmersein?

EPILOG

IM ANFANG WAR DER ZETTEL ...

Liebe Leserin, lieber Leser,

ich bin Ihnen noch eine Antwort schuldig. Dabei geht es nicht um die Antwort auf die Frage, was Ihre Idee vom Unternehmersein ist. Die können nur Sie allein beantworten – und ich bin sicher, Sie finden für sich eine gute Antwort, wenn Sie sich die Zeit nehmen, sich mit dieser Frage auseinanderzusetzen.

Die Antwort, die ich Ihnen noch schulde, ist jene Frage, die im Titel dieses Buches steckt: „Wie ich herausfand, was ein Unternehmer wirklich ist“.

Klar stand auch für mich die Frage nach meiner Idee vom Unternehmersein an. Doch wie bin ich auf diese Frage gestoßen? Was war der entscheidende Impuls?

Auch wenn das eine Frage ist, die für jeden, der Unternehmer ist oder werden will, entscheidend ist, stellen sie sich meiner Erfahrung nach die wenigsten jemals. Ich tat es jedenfalls lange Jahre nicht: nicht während der Gründung und auch nicht in den Jahren danach. Bis, ja bis …

Diese Geschichte möchte ich Ihnen noch kurz erzählen, damit Sie erfahren, was für mich der Impuls war, mir die Frage zu stellen. Denn ich glaube, dass es immer einen Impuls braucht. Das ist auch der Grund, warum dieses Buch entstanden ist: Ich würde mich freuen, wenn es anderen Unternehmern den nötigen Impuls geben könnte.

Für die Geschichte meines Impulses führe ich Sie erst einmal etliche Jahre zurück, denn angefangen hat das alles mit meinem Großvater. Sie müssen wissen, dass Weihnachten bei uns jedes Jahr im großen Familienkreis gefeiert wurde. Und jedes Jahr bekam ich – wie alle meine Geschwister, Cousins und Cousinen – vom Opa das Gleiche: einen schnörkellosen weißen Umschlag mit meinem Namen darauf und einem 50-D-Mark-Schein darin. Nur einmal war das anders.

Es war das letzte Weihnachtsfest vor seinem Tod.

Ich war 13 Jahre alt, als ich an diesem Abend nicht nur den Geldschein aus dem Umschlag zog, sondern auch einen kleinen Zettel. Das Papier selbst sah nach nichts Besonderem aus, doch die Tatsache, dass überhaupt etwas dabei lag, war besonders. Auf den Zettel hatte Opa mit einem Kugelschreiber einen Satz geschrieben.

Ich las die Worte, aber als Teenager, der ich damals war, fühlte ich mich nicht gerade mitgerissen, meine inhaltliche Resonanz strebte damals also gegen null. Doch ich weiß noch, dass ich dachte: ‚Das ist ja nett.' Weitere Gedanken machte ich mir nicht und so vergaß ich die Worte nach kurzer Zeit. Den Zettel aber hob ich auf.

Erst viele Jahre später fällt er mir wieder in die Hand. Es ist das Jahr 2012, wir sind gerade mit unseren Kindern in unser Haus eingezogen. Meine Frau und ich haben uns vorgenommen, alle Umzugskartons mit Krempel, die wir bei unseren vielen Umzügen vorher angesammelt und irgendwo deponiert hatten, zu öffnen und jedes Ding kritisch zu betrachten: Was davon soll mit einziehen und was nicht?

Und so hat jeder von uns Dutzende von Kisten zum Durchschauen.

In einer davon finde ich einen Schuhkarton voll mit alten Fotos: aus meiner Schulzeit, aus dem Studium, von der Bundeswehr, von frühen Urlauben – alles Mögliche. Ich gehe sie schmunzelnd durch und stoße dabei auf das weiße unscheinbare Stück Papier. Ich erkenne es sofort wieder.

Ich nehme den Zettel heraus, lese den Satz und bin überwältigt.

Ich bin inzwischen 36 Jahre alt, unsere jüngere Tochter ist gerade geboren, die Turbulenzen des Hausbaus wirken noch nach, in der Firma wird alles mehr. Es ist also jede Menge los in meinem Leben – ich denke sogar immer häufiger: ‚Das wird alles zu viel. Wie schaffe ich das nur?'

Dieses Gefühl der Überforderung kenne ich von mir so gar nicht, aber in dieser Phase erwischt es mich voll. Wahrscheinlich erzeugen die Worte meines Großvaters im Gegensatz zu damals deshalb eine so starke Resonanz bei mir. Nicht weil die Worte so außergewöhnlich sind, sondern weil ich sie außergewöhnlich verstehe. Denn just in dem Moment beziehe ich das, was Opa mir wünschte, auf meine aktuelle Situation. Und auf die Frage: Wie geht's weiter?

Ich denke: ‚Das ist es!', und spüre ein freudiges Gefühl. Denn auf dem Zettel steht:

Lieber Timo!

Ich wünsche Frohsinn, Glück,
Erfolg, Gesundheit
und lauter Freude an des
Lebens Buntheit.

Opa

Diesen Satz nehme ich seit diesem Tag wörtlich. Ich habe ihn mir zur Blaupause dafür gemacht, wachsam durchs Leben zu gehen, Dinge umzudeuten und mir die Frage zu stellen: Was bedeutet für mich eigentlich Erfolg?

Der Satz hat mir erlaubt, mich auf die Frage einzulassen, was meine Idee vom Unternehmersein ist, und was passieren muss, damit ich den Frohsinn, den mir mein Opa wünschte, in meinem Leben als Unternehmer und Mensch finde. Und das Glück, den Erfolg und die Gesundheit. Und vor allem mich von des Lebens Buntheit, den *ups* und *downs*, nicht fertigmachen zu lassen, sondern mich daran zu erfreuen und zu entwickeln. Ich habe für mich Antworten gefunden.

Und ich bin zutiefst davon überzeugt, dass jeder Unternehmer sich und seiner Firma etwas existenziell Gutes tut, wenn er sich ebenfalls auf diese Frage einlässt und seine persönlichen Antworten findet.

Ich habe die Philosophie, die ich aus dem Wunsch meines Opas für mich abgeleitet habe, jeden Tag vor Augen und sie löst immer noch Freude bei mir aus. Und weil ich diesen Auftrag nicht nur für mich persönlich so wertvoll finde, möchte ich ihn mit möglichst vielen Menschen teilen.

Mir ist ziemlich schnell klar geworden, dass der Spruch meines Großvaters so nicht gleich jedem verständlich ist und die gleiche Freude hervorruft wie bei mir – ohne den entsprechenden Hintergrund und Kontext. Deshalb habe ich Worte gesucht, die die Essenz dessen sind, was mein Opa sich für mich gewünscht hatte, und die ich als Botschaft nach draußen tragen kann. Worte, die das Gefühl transportieren, ohne dass ich jeweils die ganze Geschichte erzählen muss.

Die beiden Worte, die ich dafür gefunden habe, sind: FROHES SCHAFFEN! Mir geht dabei immer wieder aufs Neue das Herz auf – und ich beobachte bei vielen anderen Menschen auch, dass sie ganz leicht in Kontakt kommen damit.

Darüber hinaus haben die Worte einen „Columbo-Effekt“: Wenn dieser Fernseh-Kommissar durch die Tür kam, dachten alle zunächst: ‚Was ist denn das für ein Lappen?‘ Wie viel dahintersteckte, merkten die Beteiligten erst, wenn er loslegte. So ist das bei FROHES SCHAFFEN auch: Sobald ich die Leute auf die verschiedenen Schreibweisen aufmerksam mache – Frohes schaffen, frohes Schaffen –, kann ich oft fast zusehen, wie es in ihren Gedanken zu rattern beginnt.

Vielleicht ist es Ihnen beim Lesen dieses Buches auch so gegangen und die Frage, was für Sie Unternehmersein bedeutet, lässt Sie nicht mehr los. Das wäre mir eine große Freude. Und wie auch immer Sie die Frage für sich beantworten und welche Konsequenzen Sie für sich und Ihr Unternehmen aus dieser Antwort ziehen: Dann haben Sie die ersten Schritte hin zu einem erfüllteren Leben als Unternehmer und als Mensch getan.

Machen Sie es gut. Ich wünsche Ihnen von ganzem Herzen:

FROHES SCHAFFEN!

Ihr Timo Kaapke

AUTOR

TIMO KAAPKE

Timo Kaapke liegen mittelständische Unternehmen ganz besonders am Herzen. Er kennt das große Potenzial des Mittelstandes, mit innovativen Ideen Herausforderungen zu meistern. Und er ist überzeugt: „Die Lebensqualität in unserem Land hängt maßgeblich von mittelständischen Betrieben ab.“ Aber weil er selbst Unternehmer ist, weiß er auch um die Schwierigkeiten, die die Führung eines Betriebes mit sich bringt. Um diese zu meistern, brauchen Mittelständler allem voran Klarheit über ihre eigene Rolle als *Unternehmer.*

Deshalb hat Timo Kaapke nicht nur sein Buch geschrieben, sondern hat auch mit seinen Sparrings und seinen Keynotes weitere Angebote geschaffen, um Mittelständler dabei zu unterstützen, den Unternehmer in sich (wieder) zu wecken. Er steht ihnen zur Seite, um wieder Sinn und Freude in ihrer Arbeit zu finden, um sich trotz all der wachsenden Anforderungen nicht selbst zu verlieren und vielleicht auch noch einmal durchzustarten.

Timo Kaapke, Jahrgang 1976, ist Unternehmer, Autor, Keynotespeaker und deutschlandweit gefragter Sparringspartner für Mittelständler der jüngeren und älteren Generation. Er lebt mit seiner Familie im Oldenburger Münsterland, ist leidenschaftlicher Taucher und hält sich fit mit Crossfit und Skat.

Mehr über den Autor unter: www.timokaapke.de

Impressum

Bibliografische Information der Deutschen Nationalbibliothek:
Die Deutsche Nationalbibliothek verzeichnet diese Publikation in der Deutschen Nationalbibliografie; detaillierte bibliografische Daten sind im Internet über http://dnb.d-nb.de abrufbar.

Erscheinungsjahr 2020
1. Auflage
Copyright/Autor: Timo Kaapke
www.timokaapke.de

ISBN: 978-3-947572-59-5

Cover/Layout/Satz: extract.design
Fotos: André Bakker
Verlag: Timo Kaapke
Druck: Druckerei Uhl
Printed in Germany